给孩子的基础科学启蒙书

数学，太有趣了！

柠檬夸克 ---- 著
得一设计 ---- 绘

化学工业出版社
·北京·

图书在版编目（CIP）数据

数学，太有趣了！/柠檬夸克著 .—北京：化学工业出版社，2023.4

（给孩子的基础科学启蒙书）

ISBN 978-7-122-42832-5

Ⅰ.①数… Ⅱ.①柠…Ⅲ.①数学－青少年读物
Ⅳ.①O1-49

中国国家版本馆CIP数据核字（2023）第022699号

责任编辑：张素芳　刘建敏
责任校对：王鹏飞
装帧设计：史利平　梁　潇

出版发行：化学工业出版社（北京市东城区青年湖南街13号　邮政编码100011）
印　　装：中煤（北京）印务有限公司
710mm×1000mm　1/16　印张11　字数180千字　　2023年8月北京第1版第1次印刷

购书咨询：010-64518888　　售后服务：010-64518899
网　　址：http://www.cip.com.cn
凡购买本书，如有缺损质量问题，本社销售中心负责调换。

定　价：39.80元

目 录

绝密
m ye nimasoamlnreqk uh k

字典

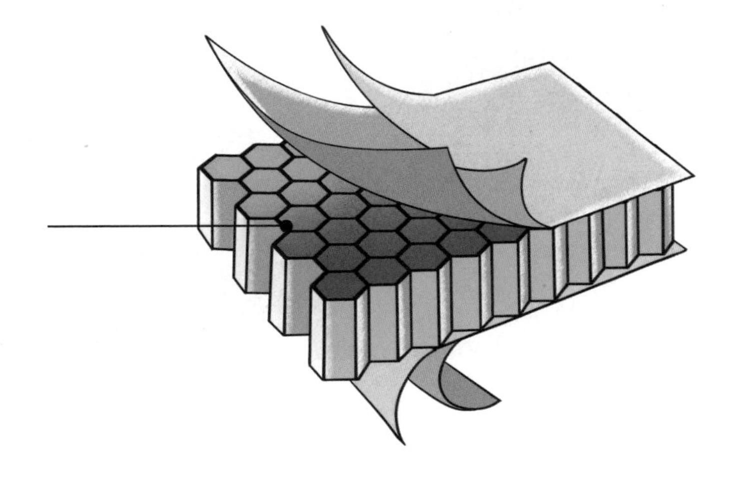

第 11 章　十进制不是天上掉下来的 ---- 139

第 12 章　数学皇冠上的明珠 ---- 151

第 1 章

让路！数学来啦

自 2023 年 2 月 20 日起，葡萄银行上调人民币存款利率 0.25 个百分点，其中 1 年期存款利率由 2.75% 调整到 3%。

加息啦！

（新闻里的一句话，顿时让小克开始纠结了……）

柠檬，听说葡萄银行加息了，是吗？

是啊，怎么？你要存钱？交给我吧，我和葡萄是好朋友。

是这样的，我上个月刚把我的压岁钱存了一笔定期存款，当时找的是核桃银行。可是葡萄银行加息后的利率就比核桃银行高了。我是不是应该把那笔钱取出来“再存”一次呢？可是那笔钱已经存了一段时间了，取出来的话，已经存的那段时间就要按活期利率计息了，这样还会损失一部分利息。是这样吗？我该怎么办？到底怎么做才真的划算呢？

啊，我听明白了：取还是不取，这是个问题！

对啦！我正是想搞清楚这个问题。

其实，这是一个很简单的数学问题，只要简单地算一算，就知道了。

是吗？会不会很难啊？

不会！想知道“再存”是不是划算，首先，要搞清楚——

什么叫存款利率

你把钱存进银行，过一段时间后再取出来。在你取钱时，银行会根据你存款的时间和存的钱数，多支付给你一些钱，这些钱就叫作利息。而你原来存进去的钱，叫本金。

利息除以本金，得到的数值就是“存款利率”。

在我国，各个银行的利率是由各个银行根据市场的情况自行制定的。当然，它们也不能随意制定，而是在一个范围内浮动。

柠檬悄悄话

利率和利息只差一个字，但差别可大了。

利率是一个百分数，后面一定跟着个小伙伴“%”。“%”是百分号，读作“百分之”。它通常出现在某个数字的后面，代表那个数字除以100，比如23%=0.23、50%=0.5。利息是银行多给我们的钱，是我们实际拿到的钱，是实实在在的钞票。你分清楚了吗？

存款有活期存款、定期存款、零存整取、协定存款好几种方式。你在存钱时，可以选择其中的一种。当然，不同的选择会对应不同的利率。一般我们用得最多的存款方式就是活期和定期存款。

我存的就是定期啊，我妈告诉我，定期存款比活期给的利息多。

没错。定期也分好几种呢，有3个月、6个月、1年、2年、3年和5年。哈！一共是6种，分别对应不同的利率。

我存的就是1年的。

嗒！你看，这是葡萄银行和核桃银行发的宣传单，上面有他们银行利率的对比。

啊！葡萄银行都上调利率了，核桃银行怎么不调整啊！

那可不是！你不想想，核桃的手多紧啊！掰都掰不开，哼，可抠门儿了！

是啊。在核桃银行，1000 块钱存满一年，能得 27.5 元利息。而在葡萄银行，存满一年能得 30 元利息。

正是。不过，对于你来说，就不好说能不能多拿到钱了。因为提前支取，意味着先要损失一些钱。

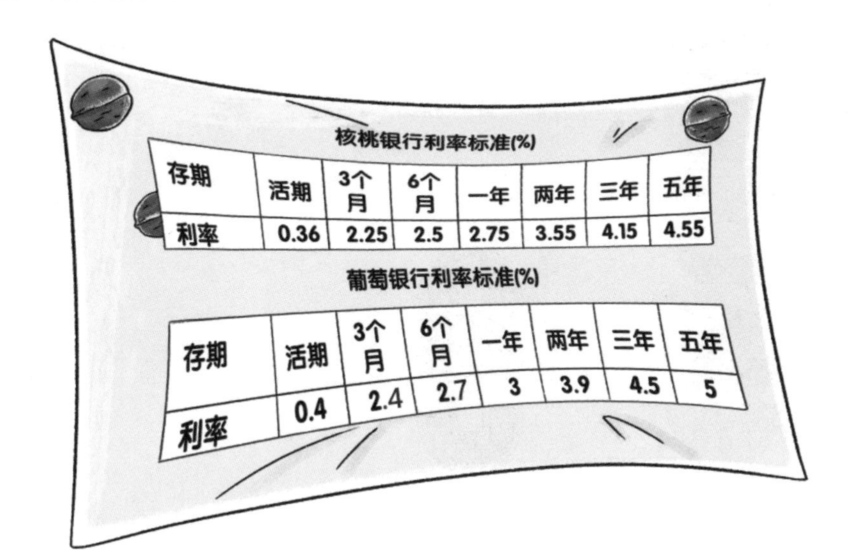

核桃银行利率标准(%)

存期	活期	3个月	6个月	一年	两年	三年	五年
利率	0.36	2.25	2.5	2.75	3.55	4.15	4.55

葡萄银行利率标准(%)

存期	活期	3个月	6个月	一年	两年	三年	五年
利率	0.4	2.4	2.7	3	3.9	4.5	5

为什么会亏钱

上面的宣传单中，给出的利率都是年利率，也就是钱在银行里存一年所得到的利息数。如果不是存一年，而是存一定的天数，那么相应的利率就变成：年利率 × 存期 ÷365。

比方说，在葡萄银行 1 万元存活期，每天得到的利息是

$$10000\times0.4\%\div365=0.11\text{ 元}$$

1 万元存 3 年定期，3 年后得到的利息是

$$10000\times4.5\%\times3=1350\text{ 元}$$

如果你存的是定期存款，那么只有在存款到期之后，才能把钱取出来。如果没有到期，就想提前取出来的话，银行也不会扣着钱不给你，还会付给你利息，不过就不能按定期的利息来支付了，而是根据已经存的天数，按照活期存款的利率来计算利息，那样你就会少拿不少利息哟。

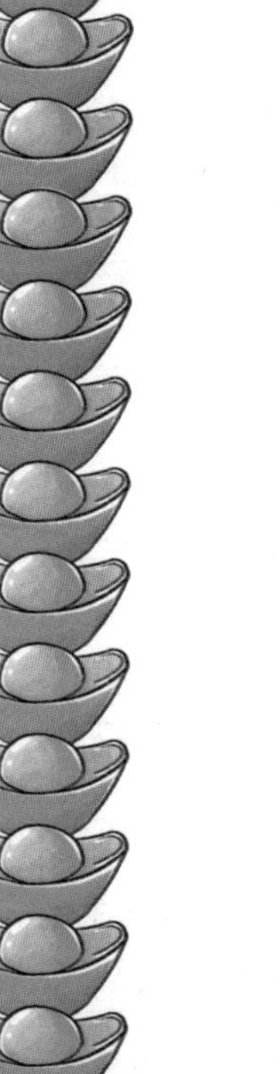

数学来啦

知道了利率的概念，下面我们算算小克这笔压岁钱的利息收入。

假定他在核桃银行里存了 1 万元，存期为 1 年。那么小克 1 年后可以得到的利息是

$$10000 \times 2.75\% = 275 \text{元}$$

如果他把钱“取”出来“再存”入葡萄银行，那么按照葡萄银行的利率，小克 1 年后可以得到的利息是

$$10000 \times 3\% = 300 \text{元}$$

显然，小克可以多拿到 25 元的利息。可是正如前面讲到的，这 1 万元钱已经存了一段时间了，如果取出来“再存”，那么前面已经存的这一段时间就要按活期利率来计算利息了，而且是按加息前的活期利率 0.36% 计算。

假设这 1 万元已经存了 N 天，那么“取”出来后，小克损失的利息是

$$10000 \times (2.75\% - 0.36\%) \div 365 \times N = 0.65N$$

从上面的算式中可以看出，当 N=38 天的时候，小克损失的利息已经与前面多拿到的利息相当了。在这种情况下，“再存”已经不划算了。

柠檬悄悄话

如果小克选择1年期定期存款，而且已经存了38天以上，那么“再存”就是不划算的。

哇！感觉你这么一算，好像也不难啊。

是不难啊，用你学过的数学，完全可以搞定。

嗯，嗯……不过，看你刚才的计算觉得很不一样。

什么不一样？

和平时我们学的数学不一样啊，我一直觉得数学就是挺难、挺烦的，一不留神就算错，错一个数都不行……还特枯燥！

哦，那么柠檬想告诉你的就是，其实数学不只是你在数学课上看到的那个样子。

啊？数学课上看到的还不算是全部的数学？那真正的数学是什么样子？

数学不是埋头苦算

人要吃饭，就得有人去搞农业生产，去种地种瓜种菜；人要互通有无，拿我家种的瓜菜豆，换你们打来的鱼虾蟹，于是就有了商品交换，就是商业。同样的，数学的诞生也是为了满足人们的需要。最初的数学主要用在商业贸易、测量土地等方面。公元前 3000 年左右，在“四大文明古国”中的古巴比伦、古埃及和咱们中国都出现了算术、代数和几何，人们把这些知识用于商业计算、税收和天文历法等领域。

英语里“数学”这个词 mathematics 就来自古希腊语，有学习、学问、科学的意思。古希腊人认为，学习数学是寻求真理的一个最佳途径。公元前 600 年左右，古希腊人最早开始系统地研究数学。数学在古希腊文化中有非常崇高的地位。

喂喂，柠檬，你说的这些呢，都有道理。数学是特厉害，可是呢，怎么说呢，有些科学就很带劲，比如变色龙会随着环境变色，多好玩啊！有一种叫猪笼草的植物居然还能吃掉虫子，多神奇呀！还有企鹅的家里，竟然是企鹅爸爸负责孵蛋，哈哈，还有这种事！这样的科学，我们就觉得很感兴趣。数学，唉！翻开数学书，没有有意思的插图，没有色彩，没有人，连个小猫小狗都没有！简直就是不毛之地！全是一行一行的算式，没完没了的数字，加减乘除……

不同的科学是不一样的啊！数学追求的是抽象美和终极真理。

我倒！这么抽象，多难懂啊！这么抽象，有什么用啊？

这个问题问得好！数学有没有用呢？要说没用，也是没用；要说有用，用处大得没法说。

有数字，你懂的

你每天总要想知道出门该穿什么衣服吧？如果这样给你形容天气，你晕不晕？

明天会比今天冷一些，但是也冷不到哪里去。不过你要还穿今天的衣服，估计是会感冒的。
明天可能会下雨，但不是老下，下一会儿，有的地方下，有的地方不下。
明天会刮风，挺大的，保不齐有那么一阵子风特别大……

行了行了！这是你那个柠檬气象台的节奏，晕死人不偿命。

又说我！看！这样是不是清楚多了？
预计明天会降温 3~5℃，穿衣气象指数是 5，适合穿毛衣或风衣类服装。

明天东北部地区有阵雨，雨量不大，降水概率为70%。
明天有4~5级西北风，阵风可达7~8级。

这是中央气象台的风格。有了数字，清楚多了。

不是数字让人觉得晕。有时候，是没有数字，才会让人犯晕。

柠檬悄悄话

不知道吧？柠檬还有个自己的气象台呢！唉，可惜开不下去了。你问为什么？别提了！你要是想知道，就去看本套书《地球，太有趣了！》第11章“柠檬气象台”。这里咱们继续说数学。

精确的数字概念帮助人们做出明智的选择。

精明小算盘

超市里有些商品，会贴上特别醒目的黄色价签，告诉人们这件商品现在“特价促销”。是不是看见黄色价签，你就想买呢？

慢！等一等！看看这种情况：同一品牌的巧克力，有不同包装的产品销售，当然价格也不一样。

现在各种理财产品、保险、基金满天飞，到底哪种更划算？这可要仔细算一算，也许能算出一个小金库呢！这些利息啦、收益啦是怎么计算的，刚才已经看见了吧？这可都离不开数学啊。

数学还能上战场

刚才说的这些情况，虽然数学一出手，就可以让我们心明眼亮，做出明智的选择，可对数学来说，实在是牛刀小试，微不足道。你不知道吧？看上去弱不禁风的数字，还能用在军事领域。两国交战中，它们和真枪实弹、坦克军舰一样，来往于硝烟炮火之中，置对手于死地。

不相信吗？

第二次世界大战期间，参战的国家——德国、日本、英国、美国除了夜以继日地制造飞机大炮、枪支子弹，招募士兵、演练战法外，还都不约而同地聘请了一批出色的数学家来从事密码工作。其中，后来被誉为“计算机科学之父”“人工智能之父”的英国杰出数学家图灵破译了德军所用的密码。美国密码专家利用数论、群论等数学工具在 1940 年破译了日本一种叫作“紫密”的军用密码。1942 年，日本在中途岛海战失败，一个重要的原因是，战前美国通过破译日军密码，提前获知了日本袭击中途岛的作战计划。1943 年，因为破译密码，掌握了情报，美国甚至打下日本海军司令山本五十六

图灵（1912—1954），英国数学家、逻辑学家，被称为“计算机科学之父”“人工智能之父”。

的座机，成就了密码史上精彩的一页。

美国计算机协会在 1966 年设立了一个奖项，专门奖励那些为计算机事业做出重要贡献的人。评奖程序极其严格，一般每年只奖励一人，只有极少数年度有两位学者共享殊荣。因此它是计算机界最负盛名的顶级大奖，有“计算机界的诺贝尔奖”之称。为了向图灵致敬，这个奖叫图灵奖。

真的呀？密码还和数学有关？你没弄错？

千真万确！而且密码学还是数学的一个分支。

哇！数学还有这一手？真没想到！

（更多关于密码的精彩故事，请看本书“嘘！秘密……”。）

数学也走“文艺范儿”

旁边这幅画叫作《维特鲁威人》，是著名画家达·芬奇的作品。达·芬奇一生名作很多，这幅连颜色都没有上，仿佛是未完成的草稿一样的素描，却拥有非凡的地位。因为它是用了数学的方法画的。图中不仅用圆形和方形标识出了人体比例，图的下方还给出了比例尺，呈现出完美刚健的人体比例。

不仅这一幅画，艺术家们还发现了有一个特别的数字在绘画中至关重要，懂得了它，画家就可以找到让画面更加和谐完美的窍门。

啊！天呐！你说的数学，跟我平时的印象完全不一样啊！

呵呵，那柠檬就试着找一种方法，让你领略不太一样的数学。

什么方法呢？

你在数学课上已经算得够多了。在柠檬这里，可以暂别草稿纸，不做那么多计算，我们去认识数学的其他模样。

我平时也喜欢画画。你说的那个让画好看的很特别的数字，我挺感兴趣。先说这个吧！

没问题，说讲就讲。

第 2 章

大自然宠爱的数字

嗨，回想一下，学了这么多年数学，你认识不少数字了吧？

嗯，对呀！ 1,2,3,4,5，…

不是，不是这些。这样数下去没完没了。柠檬说的是，一些特殊的数字，大名鼎鼎的！记得不？

啊！我懂了。π——圆周率，这个算吗？

这个算。有一个数字，很特别，也可以说很神奇，因为它总是和美丽、和谐、合理、最优、最佳、完美……这些闪光的词联系在一起，你知道吗？

（小克思索中，茫然。）

呵呵，告诉你吧，是 0.618！今天咱就说说它！

偌大的数学王国里，数字无穷多，有自己专属名字的可不多。

0.618，大号“黄金分割数”。

响亮吧？霸气吧？看！它有多“黄金”！

0.618，和谐完美总有它

一台演出，如果只有一个演员，他站在什么位置上，观众看起来效果最好？

舞台的正中央吧？那可是 C 位呀。

哦，那看起来比较呆板，还有些突兀。

那站在舞台的一边呢？

那样好像有怯场之嫌。

那到底站在哪儿好？

站在整个舞台宽度的 0.618 处，这样整体的画面效果会比较好。

0.618

当人的腿长与身高之比为 0.618 时，身材最优美。古希腊的艺术精品——米罗的维纳斯像和太阳神阿波罗，双腿长度与身高的比值都是 0.618。统计数据表明，现代女性腿长与身高的比值平均为 0.54，怪不得女士们都钟爱高跟鞋呀！穿上高跟鞋，能让自己的身材看上去更修长。

二胡的弦上有个“千金”，将整根琴弦一分为二，当分弦的比符合 0.618 时，演奏出来的声音最好听。

古埃及的金字塔的高度为 137 米，而它的底边的长度为 227 米，二者之比为 0.604，很接近黄金分割数。

法国的埃菲尔铁塔高 300 米，共设计了 3 个观景平台，其中第 2 层平台是铁塔的 4 条腿开始收拢为塔身的转折点。知道第 2 层平台的高度是多少吗？是 115 米，而 $(300-115)\div300=0.617$，很接近黄金分割数。

人是大自然的杰作。人体中也有很多黄金分割数，比如头顶至后脑的 0.618 处是百会穴，下颌到头顶的 0.618 处是天目穴，手指到手腕的 0.618 处是劳宫穴，脚后跟到脚趾的 0.618 处是涌泉穴，脚底到头顶的 0.618 处是丹田穴……

不仅如此，黄金分割数在养生中也显山露水。科学家研究证实，成年人每天睡眠 7.5 小时是最合理的，而 $12\times0.618=7.4$ 小时，可见睡眠时间是夜晚时间的 0.618 倍最为理想。人体的体温是 36℃，人体感觉最舒适的温度是 22℃，$22\div36=0.611$，也十分接近黄金分割数。

不看不知道，世界真奇妙吧？在每一个完美的、恰当的、理想的，或自然或人为的选择背后，都要么大大方方，要么羞羞答答地站着这个 0.618!

它或许真的是大自然偏爱的数字呢!

0.618，天生明星落我家

要打听黄金分割数的身世，先要知道它在数学上的定义：把一条线段分成两部分，使其中一部分与全长之比等于另一部分与这部分之比，这个比例就叫黄金分割比。

这个定义说起来很拗口，柠檬帮你翻译一下：设一条线段的长度为 a，比较长的部分的长度为 b，如下图所示。

上面那个定义，就是这个意思

$$b/a=(a-b)/b \tag{1}$$

从而得到

$$b/a=\frac{\sqrt{5}-1}{2}=0.618 \tag{2}$$

柠檬悄悄话

发蒙了是吗？从那个算式（1）怎么捣鼓出了算式（2）？吼吼，这个过程是有点复杂。具体怎么做，你要到中学才能学到。眼下嘛，你只要记住这个结果就行了——$b/a=0.618$。

黄金分割最早是古希腊人发现的。他们在研究正五边形和正十边形的时候，最早提出了这个比例。

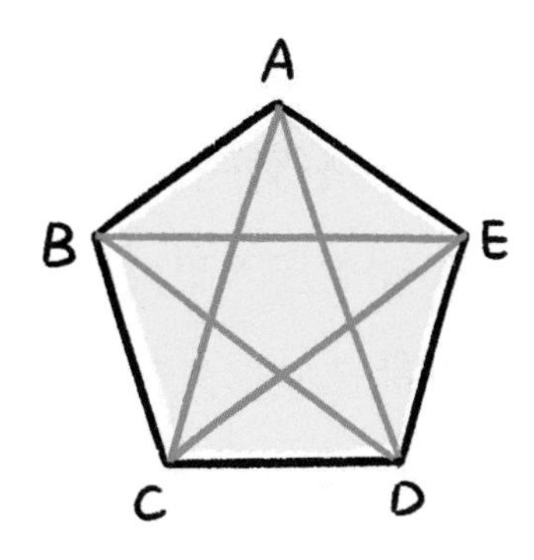

如图所示：AB/AC=0.618。

柠檬悄悄话

这个公式是怎么来的，你现在还不需要知道，那是初中要学习的知识，你只要知道，在正五边形中，有这么一个比例关系就可以了。

哇！看到没有？正五边形，也就是黄金分割数的“家”里，竟赫然有一颗五角星。拥有如此“星味儿”的家世，怪不得 0.618 所到之处星辉耀眼。

0.618，精明选择一手抓

通常，我们管漂亮不实用的事物叫“花瓶”。0.618 可不是花瓶，不仅带来美感和愉悦，在生产生活中还有大用！

20 世纪 60 年代，我国的数学家华罗庚创造并证明了“黄金优选法”，可以广泛地用于生产和生活。

无论是生产生活，还是科学试验，我们经常会碰到这样的问题，就是对同样一件工作，我们要进行多次试验，从中找到最合理的参数。比如，在炼钢的时候，如果加入某种化学原料，就会大大改善钢的强度。但是加入多少才能达到最大的效果呢？假定我们已经知道每吨钢中加入这种原料的数量应该在 1000 克到 2000 克之间，那么怎样才能得到最佳添加量呢？

最容易想到的方法就是一次一次地试咯，加 1001 克、加 1002 克……看哪次效果最好呗。

对。这是个方法。可是需要做上 1000 次试验，不光费时费力，而且成本也很高。

是呢，我知道这个方法有点“笨”，肯定有更高的招儿。

怎样才能既少做几次试验，又得到准确的结果呢？这就需要用到所谓的“优选法”。

最常用的优选法是“二分法”，就是：

先取 1000 克与 2000 克的中点 1500 克。再分别取 1000 克与 1500 克的中点 1250 克，1500 克与 2000 克的中点 1750 克，对这两个点，分别做两次试验，得到两个数据。

如果这两个数据中，1750 克处的效果较差，就删去 1750 克到

2000 克的一段。如果 1250 克处的效果较差，就删去 1000 克到 1250 克的一段。

在剩余的部分中重复利用“二分法”进行试验。

每一次试验都让我们更加接近目标，最终得到我们需要的结果。

表面上看，上述方法无疑是最好的方法，不过华老并不这么认为。通过计算，华罗庚得出了“黄金优选法”。

华罗庚（1910—1985）我国著名数学家，在国际数学界享有盛誉，被美国列为当今世界 88 位数学伟人之一。

仍然用上面的例子。在华罗庚的“黄金优选法”中，不是每次选中点，而是这样选：

选取 1000 克与 2000 克之间的黄金分割点 1618 克作为第一个试验点。选取 1000 克与 1618 克之间的黄金分割点 1382 克作为第二个试验点。比较两次试验的结果。如果 1618 克处的效果较差，就去掉 1618 克到 2000 克的一段，相反的话，就删去 1000 克到 1382 克的一段。

在剩余的部分中不断重复上述试验，直到得到我们需要的结果。

表面看起来，换汤不换药。前一种方法是每次取中点，后一种方法是每次取黄金分割点。可效果怎么样呢？黄金分割点又一次弯道超车，跑赢对手。

华罗庚从理论上证明了“黄金优选法”是所有“优选法”中能最快得到理想结果的一种方法。“黄金优选法”可以大大降低生产和科研的成本，提高效率。

啊！太厉害了！0.618 这个数字简直帅呆了！

是吧？！人家不但脸蛋漂亮，还长大米。

为什么呢？柠檬，这是为什么呢？为什么老是这个 0.618 呢？

啊哦，这个……柠檬也不知道。

我觉得吧，也许，自然界中存在一些我们还不了解的秘密，哦，就是你们大人说的规律。0.618 就是数字中的精灵，悄悄掀开帘幕的一角，让我们看到未知的奥秘，不过，只能给我们看一点点。

哈哈哈，你说的真有意思！也许就是这样吧！中国古代先哲庄子不是说嘛，“天地有大美而不言，四时有明法而不议，万物有成理而不说。”

以后好啦！要是考试时，我有题目实在不会做的话，我就蒙 0.618，哈哈，说不定就蒙对啦！

啊！那，那不行啊！

第 3 章

数字们，站队啦

小克，我给你讲个故事好不好？

好呀！我最爱听故事了。快说！快说！

从前有个老师，给学生布置了一道数学题，算 1+2+3+4+5+…一直加到 100，等于几。老师以为学生们会花很多时间去一个一个地加，没想到，一个学生很快就算出来了……

5050！这个学生叫高斯。

哇！怎么？你听过这个故事啊？

哼，早就听过了！

厉害！厉害！现在的小孩儿不得了！

呵呵，那当然了！大人老是小看我们小孩，故事里的那个老师也是噢。

柠檬可没有小看小孩儿。今天柠檬就给不得了的聪明小孩儿介绍一个新朋友。

什么呀？

你看 1,2,3,4,5,…,100，这些数字就像排好队似的，站成一溜儿，好玩不好玩？

嗯，还行吧，挺好玩，可数字们排队干吗呢？

平时数学课上，这些数字没少给我们出难题。今天，我们也操练它们一回。站队啦——

稍息！立正！向前看

哗——哗——

公元前 500 多年，碧蓝的爱琴海边，有一个人坐在沙滩上，专心地摆弄一小堆一小堆的石子：第一堆有 1 个石子，第二堆有 3 个，第三堆有 6 个，第四堆有 10 个……

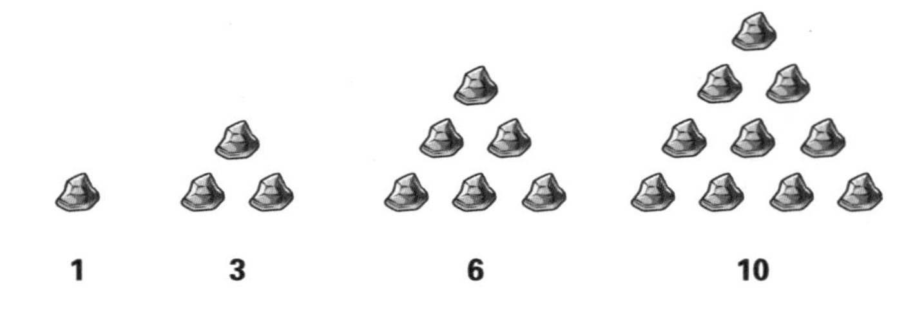

弄这干吗？有啥意思？

你自己摆摆看嘛！发现没有？从第二堆开始，每一堆都可以摆成一个规规矩矩的三角形。

这个在沙滩上摆石子的人叫毕达哥拉斯，是古希腊数学家和哲学家。他的思想影响深远，大名鼎鼎的苏格拉底和柏拉图都是他的学生。在数学方面，他被认为是现代数学理论的开创者。

好啦！我们来看看这个大学者做的小游戏。

毕达哥拉斯（前572—前497），古希腊数学家、哲学家。

像毕达哥拉斯这样把小石子摆成一个个三角形，自然就得出了一串数字：1,3,6,10,…这一串数字有前后顺序，不能颠倒，一个接一个，就像排好队一样。在数学上，它们被称为数列。

毕达哥拉斯摆的数列：1,3,6,10,…是世界上的第一个数列，叫作三角形数列。

呵呵，大学者的游戏也不复杂嘛。不摆成三角形，摆成别的形状行不行？

行啊！

让我想想，那还可以摆成正方形吧？这样摆：第一组有1个石子；第二组每行有2个石子，一共4个；第三组每行有3个石子，一共9个；第四组每行有4个石子，一共16个……

太厉害了！你跟古希腊的大数学家想到一块儿去了。毕达哥拉斯也摆过这样的，对应的数列是：1,4,9,16,25,…人们把这个数列叫正方形数列。

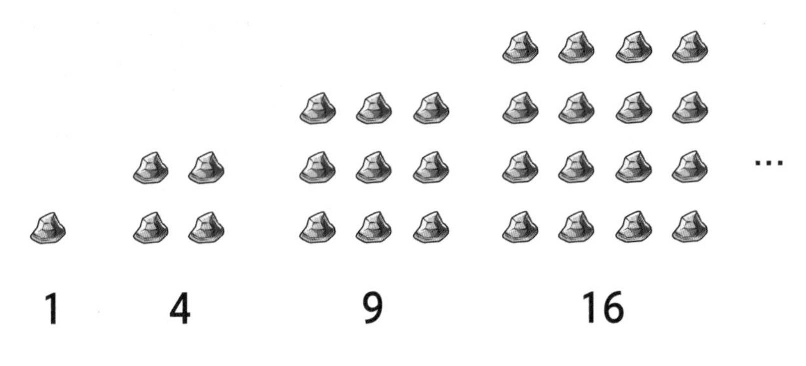

正方形数列

哈哈！敢情让数字排队就叫数列啊！那我们排好队，老师会喊，“稍息！立正！向前看！”可让数字排好队，能干什么呢？

也可以调度它们呀！来！看我的——

全体都有——齐步走

刚才我们讲的那个高斯的故事里，1,2,3,4,5，…，100，这当然也是一个数列。

就像人有名字，我们要说起某个数列，有没有个简单方便的叫法呢？“三角形数列”“正方形数列”那是比较特殊的情况，不能每个数列都用文字给它取个名字吧，那也太费脑筋了！而且很没“数学味儿”。

那你可能会问了，什么是有“数学味儿”的方法呢？

喏！就是这样：

高斯（1777—1855）是德国数学家、科学家。他和牛顿、阿基米德被誉为有史以来的三大数学家。高斯是近代数学的奠基人之一，有“数学王子”的美名。

假设有一组数，第 1 个用 a_1 表示，第 2 个用 a_2 表示……第 n 个用 a_n 表示。我们可以把这一组数写成：

$$a_1, a_2, \cdots, a_n$$

那么 1,2,3,4,5，…，100 这个数列就可以写成：

$$a_n=n\ (1 \leqslant n \leqslant 100)$$

这样，我们是不是把这个数列一网打尽了？数学家把数列中的每个数字，叫作数列中的每一个项。如果数列中的每一个项都可以用同样的一个公式来表示，那么 a_n 就叫作这个数列的通项公式。

说到这儿，我们顺便说说小高斯是怎么那么快就算出那个题目的。

高斯发现，这个数列里第一个数和倒数第一个数之和，第二个数和倒数第二个数之和，第三个数和倒数第三个数之和……都是一

样的：

$$1+100=101$$
$$2+99=101$$
$$3+98=101$$
$$\cdots\cdots$$
$$50+51=101$$

这样下来一共有 50 对数字，也就是 50 个 101。

$$50\times101=5050=\frac{100\times(100+1)}{2}$$

旗开得胜噢！这下，我们知道了数列 $a_n=n$ 的和可以这样算：

$$S_n=1+2+3+4+\cdots+n=\frac{n\times(n+1)}{2}$$

尽管小高斯的公式里 $n\leqslant100$，可上面这个求和公式，即使 n 一路飙升，超过了 100，也照样巍然屹立，包打天下。请你记住这个求和公式哦，马上就用得上咯。

前面提到的三角形数列，我们要想把它一网打尽的话，通项公式可以这样写：

$$a_1=1$$
$$a_2=3=1+2$$
$$a_3=6=1+2+3$$
$$a_4=10=1+2+3+4$$
$$\cdots\cdots$$

显然有

$$a_n=1+2+3+4+\cdots+n=\frac{n\times(n+1)}{2}$$

如果上面的公式中，不仅仅有 n，还有数列中的其他一些项，那么这个公式就不能称为通项公式了，而应该称为数列的递推公式。三角形数列的递推公式可以写成：

$$a_n=2a_{n-1}-a_{n-2}+1$$

当然，并不是所有的数列都有通项公式和递推公式，比如下面的数列：

3,3.1,3.14,3.141,3.1415,…

数列中的每一个数字都比前面一个更加精确地接近圆周率 π，显然我们是无法写出这个数列的通项公式和递推公式的。

柠檬，我还是没看出来数字排队有什么用。有了什么通项公式、递推公式，惨了！又可以出很多题目了，让我们算呀算呀……

呵呵，你的感觉中，数字总是欺负你，折腾你，出题目难为你，是吗？那么，柠檬就让排好队的数字，替你出出气！让你像小高斯一样，算出答案，快人一步；解决问题，胜人一招。

数列，给我冲

在生活中，我们经常会遇到这样的数学问题：比如你把一笔钱存在银行里，银行每个月给你结算一次利息，每月得到的利息在下个月又可以产生新的利息。吼吼，好事哟！这俗称“驴打滚儿”“利滚利”。可先别高兴太早！怎么知道一年后，你一共能得到多少利息呢？

这个问题并不难，但是计算起来相当麻烦。有了排好队的数字，我们就“抖”起来了。数列，给我冲！

我们可以把每月的存款总额写成一个数列。假设本金是 1000 元，银行每月付给你 0.1% 的利息，那么数列的第一项

$$a_1=1000\times(1+0.1\%)=1001$$

数列的第 2 项

$$a_2=a_1\times(1+0.1\%)=1002.001\approx 1002$$

提醒一下：在现实生活中，人民币的最小单元是分，也就是 0.01 元。银行是给不出 0.001 元的。低于 1 分的情况下，银行会采取“四舍五入”的方式来支付。利用上面的公式，我们可以把每月的本金和利息，写成一串数列：

$$1001,1002,1003,1004,1005,1006.01,1007.02,$$
$$1008.03,1009.04,1010.05,1011.06,1012.07,\cdots$$

显然，到第 12 月末，我们可以得到总共 12.07 元的利息。

用同样的方式，我们可以轻松解决很多问题。

啊！我终于看明白了，让数字们排好队，不光是好玩的，还可以方便地算数！

聪明！数列提供了一种计算方法，帮助我们解决实际问题。

下面，我们看一个非常有实用价值，也很不可思议的数列。它来自一个很萌、很可爱的问题——

大白兔小白兔——出列

在数列的大家族里，最有名的无疑是斐波那契数列。

斐波那契数列？名字有点长，还有点拗口。

斐波那契是一个意大利人的姓。如果说他的名字，你就不陌生了，他叫莱昂纳多(LEONARDO)。

哦？莱昂纳多呀？我知道，我知道。

对！和画名画《蒙娜丽莎》的意大利画家莱昂纳多·达·芬奇同名，更和好莱坞万人迷、电影《泰坦尼克号》《风云无间道》《盗梦空间》的男演员莱昂纳多·迪卡普里奥同名。这下好记了吧？

嗯，好记多了！

莱昂纳多·斐波那契是一个意大利数学家，他在他的著作《算盘书》中提出了一个有趣的问题：

假设你家里养了一对可爱的小白兔。

这对小白兔在第二个月会长成一对大白兔。

在第三个月，这对大白兔会生出一对新的小白兔，并且以后每个月都会生出一对小白兔。新出生的小白兔在第二个月长成大白兔，从第三个月开始生小白兔……

假设所有的兔子都不会死亡，也不会生病，那么若干个月以后，你家里会有多少对兔子？

第一个月

第二个月

第三个月

第四个月

这个问题看上去很简单吧：

第一个月，只有 1 对小兔子；

第二个月，小兔子长大了，所以有 1 对大兔子；

第三个月，有 1 对大兔子和 1 对小兔子，共 2 对兔子；

第四个月，有 2 对大兔子和 1 对小兔子，共 3 对兔子；

……

别晕！我们把兔子的对数写到一张表格里，就清楚啦。

“兔”口登记表

月份	1	2	3	4	5	6	7	8	9	10	11	12	13
小兔子（对）	1	0	1	1	2	3	5	8	13	21	34	55	89
大兔子（对）	0	1	1	2	3	5	8	13	21	34	55	89	144
总数（对）	1	1	2	3	5	8	13	21	34	55	89	144	233

把这个表中兔子的总数，写成一个数列，喏！就是它——

1,1,2,3,5,8,13,21,34,55,89,144,233,…

这个数列就是斐波那契数列，也被称为兔子数列。

从数学的角度上讲，斐波那契数列并不复杂。数列中每一项的数值都是前两项数值的和，写成方程的形式，就是

$$a_n = a_{n-1} + a_{n-2}$$

这就是斐波那契数列的递推公式。如果计算仅仅到此为止，那么这也就是一个很普通的数列。

为什么留名史册？别急！它神奇有趣的地方，还在后头。

我们接着往下算。

首先将数列的每一项与它后面的那一项相除，构造出一个新的数列，哗！成这样子了：

$$1,\frac{1}{2},\frac{2}{3},\frac{3}{5},\frac{5}{8},\frac{8}{13},\frac{13}{21},\frac{21}{34},\frac{34}{55},\frac{55}{89},\frac{89}{144},\frac{144}{233},\cdots$$

有点闹心是吗？别怕！柠檬把分数都变成小数，你再看着——

1,0.5,0.667,0.6,0.615,0.6176,0.6182,0.6179,0.6181,0.6180，…

发现什么规律了没有？这个数列的项，越往后越接近 0.618！通过更加严格的计算，可以证明，这个数列的极限值就是 0.618。

哇！0.618！怎么又是它?！这不是黄金分割数吗?

居然拐弯抹角、兜兜转转，又和黄金分割数搭上关系了！看来，斐波那契数列的背后，一定也有一层金灿灿的光辉。斐波那契数列又被叫作黄金数列。

斐波那契数列是从大白兔生小白兔来的，不知怎么被你一搞，和那个 0.618 又扯上了，可我没看出它有什么了不起的呀！

就像自然界有很多和谐、合理、理想的东西，都和 0.618 有关一样。斐波那契数列也是。它或者它其中的数字，隐藏在很多自然界中美妙的事物里，不经意间，带给我们大大的惊喜！让我们看一看——

柠檬悄悄话

什么是极限值？在数学上，如果随着 n 的增大，a_n 越来越接近某一个特定的数值，我们就说这个特定数值是数列的极限值。当然，很多数列都是没有极限值的，比如前面提到的三角形数列，就没有极限值。

斐波那契数列——解散

吃过菠萝吗？你一定没有仔细地端详过菠萝皮吧？

菠萝表皮由很多鳞片组成。这些鳞片可以组成不同的螺旋线，所以削菠萝皮的时候，沿着螺旋线削是最方便的。那么在菠萝表面到底有多少条螺旋线呢？数数看，你会发现，它一定是斐波那契数列中的一个数。

我们再来数数花瓣吧。兰花、三角梅有 3 个花瓣；梅花有 5 个花瓣；大波斯菊有 8 个花瓣；万寿菊有 13 个花瓣；紫菀花有

21 个花瓣；雏菊有 34、55 或 89 个花瓣……这些数都是斐波那契数列中的数。

和菠萝一样，向日葵的种子也是按螺旋线排列的，有顺时针转和逆时针转的两组螺旋线。两组螺旋线的条数往往就是斐波那契数列中两个相邻的数，一般来说这两个数是 34 和 55，大的向日葵要可以达到 89 和 144，人们还曾发现过一个更大的向日葵，有 144 和 233 条螺旋线。

还不仅如此呐，斐波那契数列在经济学上也大显身手，有人用它来炒股票，有人用它来预测经济的发展。

嗯，挺神奇的，有点不可思议。感觉……和数学课上学的数学不一样噢。

有人说，数学是自然的语言。

我赞同！这话很有道理！

我也赞同。

嘻嘻，我也想用一用斐波那契数列了……

怎么用呢？

嗯……我听说，喝柠檬水有益健康。我决定按照斐波那契数列，第一天我榨1个柠檬，做柠檬水。第二天，我还榨1个柠檬。第三天，我榨2个柠檬。第四天，我榨3个柠檬。哈哈哈……

哼！你这个顽皮的孩子，拿我开涮呐？你喝那么多柠檬水，不怕酸倒牙吗？

哈哈哈哈……

第 4 章

嘘！秘密……（上）

柠檬，刚才李乐陶和你说了什么？

不告诉你，秘密！

什么情况？连我都不告诉？

在这个世界上，我们每个人都有自己的秘密。小到银行存款的密码，大到导弹的制造工艺，所有不希望让别人知道的事情，都可以称为秘密。

正如有锁，就有钥匙；有毒药，就有解药；有秘密，就有人变着法子去解密。小偷企图盗取我们的银行卡密码，好把我们的存款据为己有。黑客企图盗取电子邮箱的密码，以便窥探我们的隐私。间谍企图获取他国的秘密，为的是在各种竞争中可以一招克敌、一剑封喉……保密和解密，是我们这个世界中日日上演、永不落幕的攻守大片。

柠檬在这里要给你讲的，并不是诸如生活中，李乐陶说了谁的坏话，赵小萌把不及格的考试卷藏在哪里……这样的小秘密，而是涉及一个国家的政治、军事、科技、商业的大秘密。这些秘密一旦被盗取——啊！可是不得了！

看到这里，你可能会想，这本书买得太值了！原来还是一本精

彩的谍战书呀。不！别激动，这是一本精彩的数学书。

嗯？什么情况？

嘘！保密！现在不告诉你——请住下看！

我有一个小秘密，就不告诉你

先给你一点时间，回想一个自己的秘密——死也不能让人知道的那种。

想好了吗？想好就行，不用说出来。

请你想一想，秘密什么时候最容易被人知道呢？

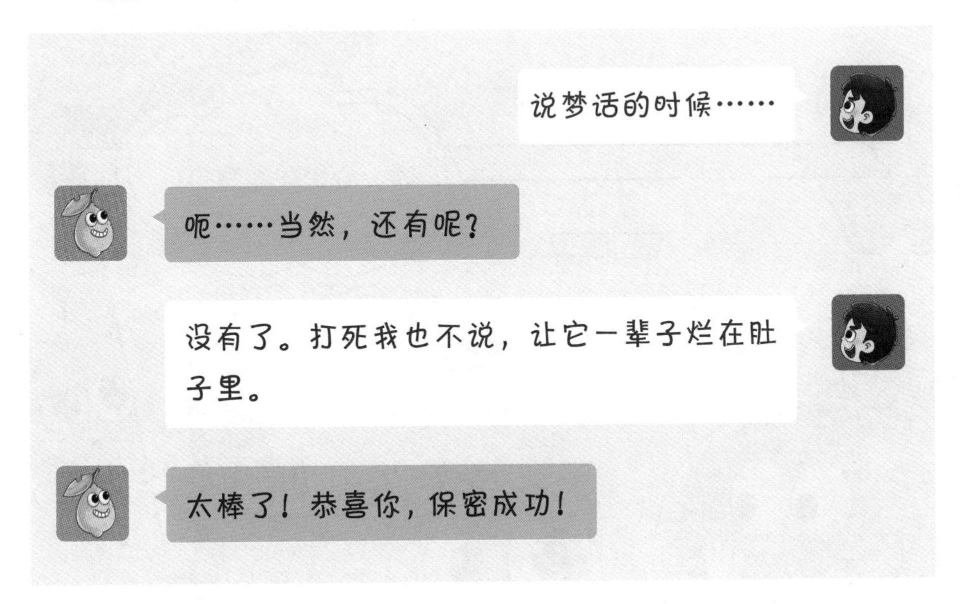

不幸的是，不是所有的秘密都能一辈子烂在肚子里。有的时候，由于某种原因，我们必须将自己的秘密传递给其他人。比如说，军队的指挥官必须把自己的作战部署和指挥意图传递给部下，要是烂在肚子里，谁去冲锋陷阵？还有商业谈判时，公司的老板必须要把自己的谈判底线、筹码传递给谈判人员，不然人家怎么去谈？在这个过程中，怎么能“天知地知你知我知”，确保“法不传六耳”？

没那么容易哦！保不齐就隔墙有耳，走漏消息。所以说，秘密最容易在传递的过程中被盗。为了保证秘密不被不该知道的人知道，在信息传递的过程中，一定要采取加密的措施。

有很多方法可以给信息加密。

我知道，设个密码嘛……我爸爸妈妈的信用卡，还有电子信箱、保险柜，有的地方楼房单元门的门禁……

对了！设置密码是个办法。那柠檬就讲个非常鬼马的密码故事。

公元前405年，雅典和斯巴达之间进行了著名的伯罗奔尼撒战争。斯巴达军队在战争中占据优势，正当他们准备对雅典发动最后一击时，他们的盟友波斯帝国突然撕毁了协议，使斯巴达陷入被动。斯巴达统帅一筹莫展，他急需知道波斯人下一步的军事计划。天赐良机！这时，斯巴达抓住了一个从波斯返回雅典的信使，还在信使的身上搜出一条写满字母的腰带。

这些字母杂乱无章、如同天书。还用问吗？这摆明就是一份重要的情报啊！

斯巴达的统帅开始反复琢磨这条腰带，把杂乱的字母重新进行排列组合，颠过来倒过去……反反复复，试了无数次都一无所获。就在他即将信心崩溃的时候，他无意中把腰带缠在了剑鞘上。奇迹出现了——原本毫无规律的字母组成了一段文字。仔细一看，竟然是雅典军队和波斯军队的作战部署。原来如此……

依靠这份情报，斯巴达军队采取各个击破的方式，迅速消灭了波斯军队和雅典军队，取得了战争的胜利。

不得不说，波斯人用了一个非常厉害的加密方式。如果不是斯巴达的运气好，也许历史就要改写了。

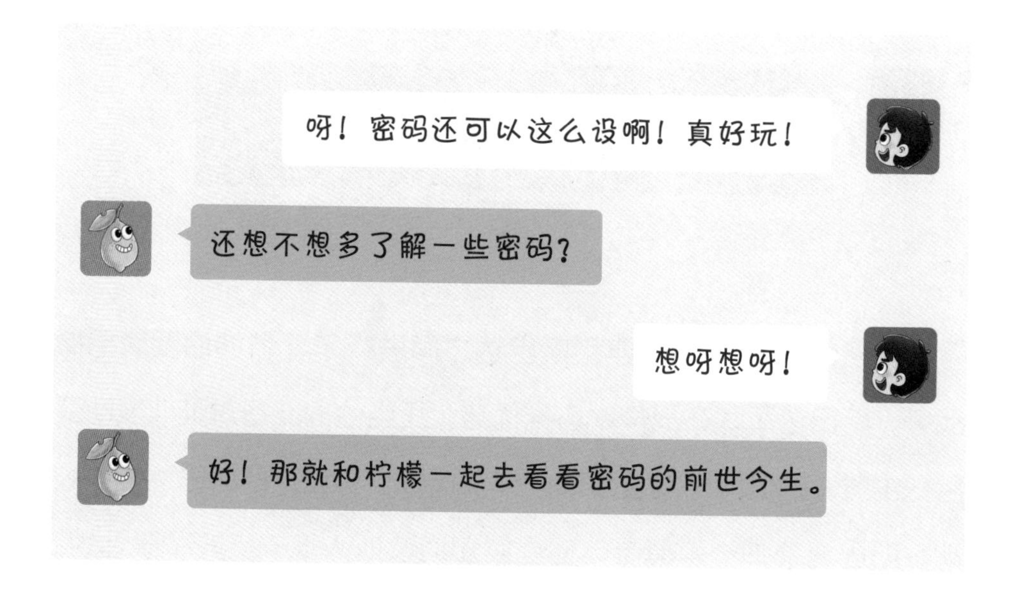

最初的鬼心眼

加密之前的信息叫作明文，加密后的信息叫作密文。

与中国人使用的表意的汉字不同，西方国家使用的拼音文字是以字母为基础的，每一个单词都是由若干个字母组合而成的。那么，最简单的加密方式就是将所有的字母来个“乾坤大挪移”——顺序打乱，重新排列。前面提到的波斯人，使的就是这一手。这种加密方式称为移位式加密。

想不想试一试？我们也来做个移位式加密。

假设我们要传递这样一个句子——my name is lemonquark（我的名字是柠檬夸克），那么该怎么进行加密呢？

首先，把句子中的空格去掉，我们就得到了需要加密的文字，也就是明文：

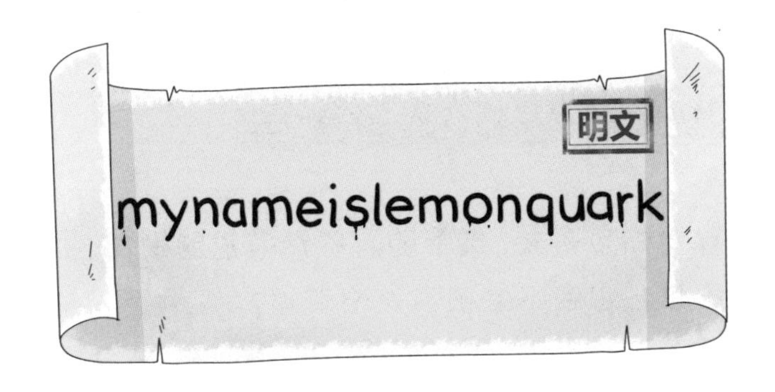

然后，我们可以把这 18 个字母分成两行书写，单数字母放在第一行，双数字母放在第二行，就是这样：

m　n　m　i　l　m　n　u　r

y　a　e　s　e　o　q　a　k

最后，将这两行字母按从左到右的顺序重新写在一起，看！

这就是密文。

面目全非了吧？哈哈！一句密码就做成啦！你看这种加密方式像不像栅栏一样，第二行字母可以插到第一行的空当里？

好了！这种加密方式就叫作栅栏加密。

嗨，你觉得这种方式怎么样？

只看那句密文，挺晕的。不知道说的是什么。不过，它会不会被高人破解呢？

是有这个担心。这种加密方式技术含量不算高，很容易被破解。

那怎么办呢？

于是，人们很快就——

再搞点新花样

更复杂了啊，注意看哟！

把刚才那 18 个字母填到一个 4×5 的表格里，由于只有 18 个字母，不足以填满表格，所以在最后两个空格里，我们随意填进去 2 个字母。

m	y	n	a	m
e	i	s	l	e
m	o	n	q	u
a	r	k	h	k

然后我们按一个特定的方式把这些字母重新写出来，比如按列书写，就成了：

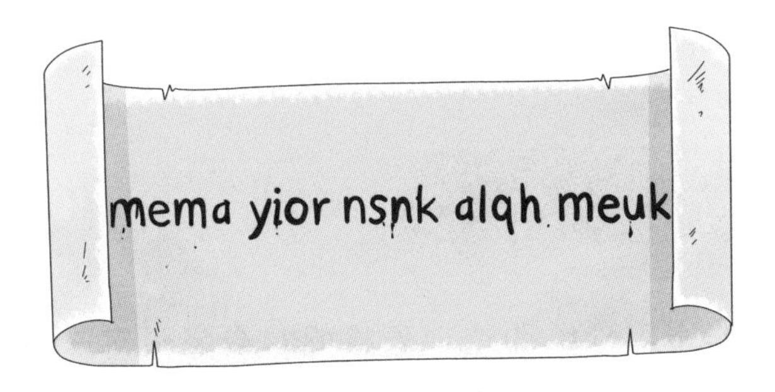

如果按斜线书写：

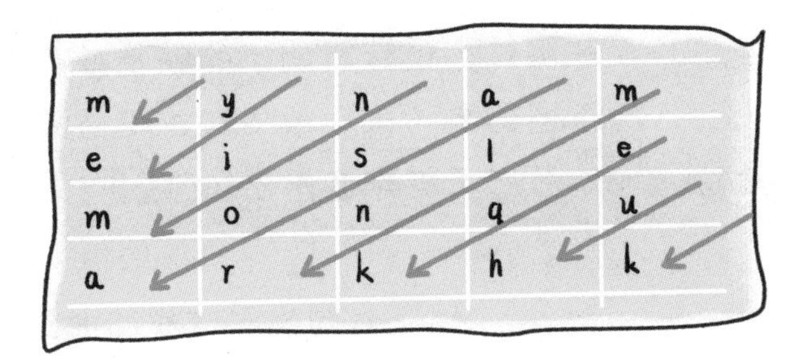

那就是：

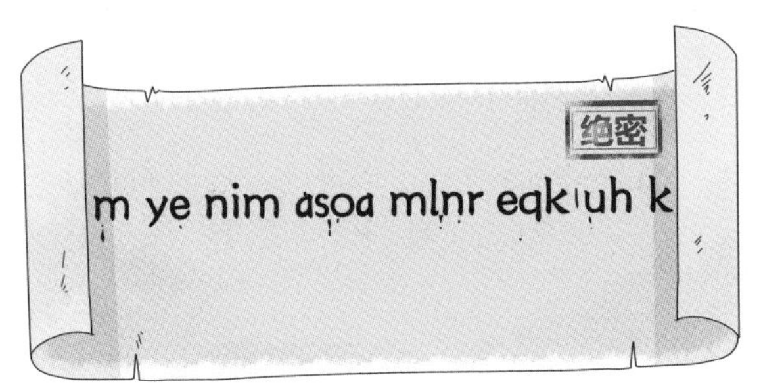

柠檬在上面的字母中间加上了空格，是为了让你看起来更舒服。真正加密的时候，可是不能加空格的。

对于接收信息的人，只要知道书写的方式，就可以将密文还原。这种方法叫作曲路加密。

我觉得，似乎曲路加密比栅栏加密更难破解，是吗？

聪明！是这样的。

非得用你给的这个表格吗？我是说可以设计其他样子的表格和曲路吗？

当然。兵不厌诈，设计密码比的就是谁能干出让人想不到的事情来。表格和曲路当然不止这一种，看你还能弄出什么样的。

我想出了这样的曲路。

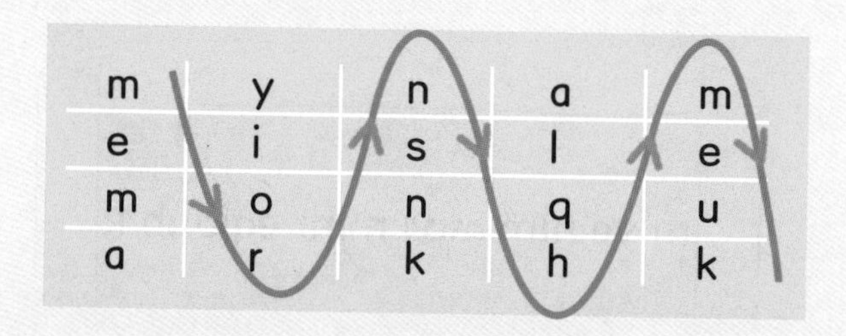

m	y	n	a	m
e	i	s	l	e
m	o	n	q	u
a	r	k	h	k

那么密文就成这个样子了。

memaroiynsnkhqlameuk

或者让曲路这样。

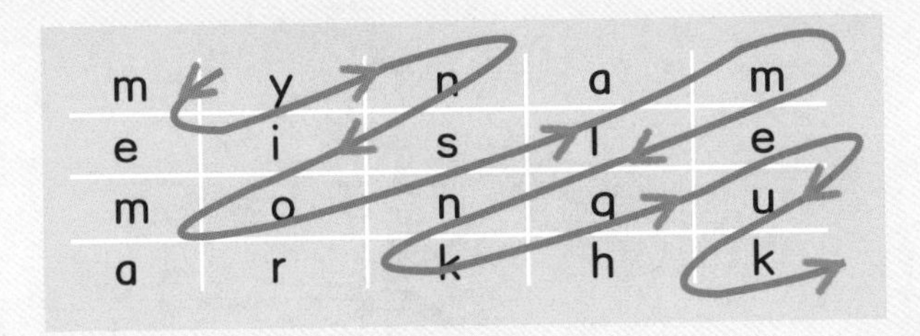

m	y	n	a	m
e	i	s	l	e
m	o	n	q	u
a	r	k	h	k

那就得到这样的密文了。

meynimaosamlnrkqeuhk

刚才你都是在曲路上做文章。表格也可以变变样子，你想个新鲜的！

嗯……那我就做个谁都没见过的表格……嗯，做个圆形的，怎么样？

哇！太酷了！让我看看，你这是沿着圆的周长，从外层到里层，摆放明文字母的，是不是？

没错，让你看出来啦！

就像诸葛亮的八阵图一样，酷极了！小克你简直是“小诸葛”啊！

嘻嘻，按照我画的曲路，密文就是这样的啦。

mlreynmkoamnhqeiukas

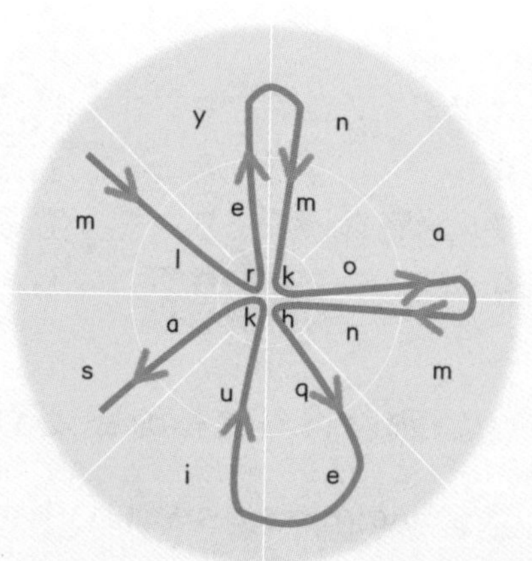

说到这儿，很有意思呢！外国人搞密码，中国人玩密写。外国人把字母重新洗牌，写方块字的中国人写藏头诗。

藏头诗？

对呀！见过没有？

哦，没有。

藏头诗可以算是中国古代特有的曲路加密。

中国式秘密有文采

《水浒传》里有一个著名的故事。“智多星”吴用为了逼卢俊义上梁山，扮成一个算命先生，去拜访卢俊义。当时卢俊义正在为躲避所谓的“血光之灾”焦头烂额，连忙请吴用为他算命。吴用当场作诗一首，并让卢俊义将此诗挂在墙壁上，说这样可以避灾。

这四句诗是：

“好诗！好诗啊！”卢俊义还以为就此太平了呢。谁知吴用在这四句诗里，巧妙地把“卢俊义反”四个字暗藏于每句诗的开头。卢俊义正被“血光之灾”搞得如惊弓之鸟，一见来了“护身符”急急忙忙就把它挂上了。谁想，这四句诗被官府认定为卢俊义谋反的铁证，到处捉拿卢俊义。结果，卢俊义在迫不得已的情况下上了梁山。

我的妈呀！外国人那样把字母倒来倒去就够费脑筋的了。中国人这个更难了，还得会作诗！

是啊。“技术准入”比较高。不是人人都会作诗的。

你想啊，两军交战的节骨眼上，要传递一条十万火急的军事情报，还得先赋诗一首？

真真难煞人也！何况诗不好写不说，隐蔽性还不强。对于有心人来说，秘密约等于一目了然。因此，藏头诗的风雅多过实用，多数情况下，不过是一种文字游戏罢了。

还有其他密码么？再说点有难度的，好玩！我喜欢！

当然，多着呢！嘻嘻，说到这儿，柠檬也来了点诗兴，做了一首打油诗呢！

啊？柠檬还会写诗？快！说给我听听！

听着啊——
请君同我玩密码，
看尽古今乐无涯。
下回招数更鬼马，
篇篇智慧闪光华。

嗯？哈！你这也是一首藏头诗。我看出来了：请看下篇！

第 5 章

嘘！秘密……（下）

哎，小克，你有没有发现，加密和柠檬讲故事是相反的过程？

嗯？这话什么意思？

柠檬讲故事是把不好懂的东西，变成好懂的。加密的目的是把能看懂的东西，变成让人看不懂的。

哈哈，那加密的逆过程不是解密吗？柠檬你也是解密咯！

呵呵，开个玩笑啦。准备好了没有？柠檬可要讲高难度的密码了。难度升级，乐趣翻倍。

早准备好啦！快点开始吧！

高手过招：替换加密

前面加密的思路是“打乱”，下面的思路叫“替换”——让明文中的所有字母统统大变脸，蒙你没商量。

让字母变脸？让我想想……那可以让字母a都变成一个苹果，让b都变成一个鸭梨，c像一根弯弯的香蕉，o嘛可以变成一个西瓜，像不像？呵呵，很好玩啊！

你还可以让大写字母A变成魔法师的尖帽子，让大写字母J变成魔法师骑的扫把……如果让你来设计密码的话。

替换加密法的基本思路

哈哈哈……那以后我也发明一种小克加密法。

当然可以。不过这样的话要记住变脸（替换）的规则，就是哪个字母变成什么东西，可是够累人的。实际上，常用的替换加密是将信息中的每一个字母都用其他的字母进行替换。

这次我们的明文还是那句：my name is lemonquark。

替换规则：把每一个字母变成英文字母表里它后面的那个字母。a 替换为 b,b 替换为 c,c 替换为 d,……,y 替换为 z,z 替换为 a。按照这样一个替换方式，就变成了：

收到密文的人，只要知道替换规则，就可以将密文还原。

这个替换规则，就好比破解密码的钥匙，叫作密钥。要想传递密码，就必须先传递密钥，只有加密和解密的双方都知道密钥，这么干才行得通。当然，如果密钥落入敌手，那么也就没有秘密可言了。

小克，你知道英文一共有多少个字母吗？

这谁不知道啊？26 个。

没错！只有 26 个字母，所以密文中的每个字母无非是它以外的另 25 个中的一个。一个个地去试去凑，对于高手来说，并不是件很难的事。所以刚才的替换式加密是比较容易被破解的。

啊？真是“道高一尺魔高一丈”啊！那怎么办呢？又被人知道了……

不怕！还是魔高一尺道高一丈呀！

升级版来了

简单的替换规则被你们看透。哼哼，什么叫沧海横流方显英雄本色？很快，更加天马行空的替换规则横空出世。

在众多更加复杂的替换加密方式中，最著名的恐怕就是吉奥万·巴蒂斯塔·贝拉索于 1553 年推出的维吉尼亚密码了。这个真的厉害了！傲然屹立三百多年不倒，不知谋杀多少破密高手的脑细胞，直到 1863 年才被破解。

下图是维吉尼亚密码的一张密码表，它由一个 26×26 的表格组成。其中第一行中字母以 A 开头，第二行中以 B 开头……

	A	B	C	D	E	F	G	H	I	J	K	L	M	N	O	P	Q	R	S	T	U	V	W	X	Y	Z
A	A	B	C	D	E	F	G	H	I	J	K	L	M	N	O	P	Q	R	S	T	U	V	W	X	Y	Z
B	B	C	D	E	F	G	H	I	J	K	L	M	N	O	P	Q	R	S	T	U	V	W	X	Y	Z	A
C	C	D	E	F	G	H	I	J	K	L	M	N	O	P	Q	R	S	T	U	V	W	X	Y	Z	A	B
D	D	E	F	G	H	I	J	K	L	M	N	O	P	Q	R	S	T	U	V	W	X	Y	Z	A	B	C
E	E	F	G	H	I	J	K	L	M	N	O	P	Q	R	S	T	U	V	W	X	Y	Z	A	B	C	D
F	F	G	H	I	J	K	L	M	N	O	P	Q	R	S	T	U	V	W	X	Y	Z	A	B	C	D	E
G	G	H	I	J	K	L	M	N	O	P	Q	R	S	T	U	V	W	X	Y	Z	A	B	C	D	E	F
H	H	I	J	K	L	M	N	O	P	Q	R	S	T	U	V	W	X	Y	Z	A	B	C	D	E	F	G
I	I	J	K	L	M	N	O	P	Q	R	S	T	U	V	W	X	Y	Z	A	B	C	D	E	F	G	H
J	J	K	L	M	N	O	P	Q	R	S	T	U	V	W	X	Y	Z	A	B	C	D	E	F	G	H	I
K	K	L	M	N	O	P	Q	R	S	T	U	V	W	X	Y	Z	A	B	C	D	E	F	G	H	I	J
L	L	M	N	O	P	Q	R	S	T	U	V	W	X	Y	Z	A	B	C	D	E	F	G	H	I	J	K
M	M	N	O	P	Q	R	S	T	U	V	W	X	Y	Z	A	B	C	D	E	F	G	H	I	J	K	L
N	N	O	P	Q	R	S	T	U	V	W	X	Y	Z	A	B	C	D	E	F	G	H	I	J	K	L	M
O	O	P	Q	R	S	T	U	V	W	X	Y	Z	A	B	C	D	E	F	G	H	I	J	K	L	M	N
P	P	Q	R	S	T	U	V	W	X	Y	Z	A	B	C	D	E	F	G	H	I	J	K	L	M	N	O
Q	Q	R	S	T	U	V	W	X	Y	Z	A	B	C	D	E	F	G	H	I	J	K	L	M	N	O	P
R	R	S	T	U	V	W	X	Y	Z	A	B	C	D	E	F	G	H	I	J	K	L	M	N	O	P	Q
S	S	T	U	V	W	X	Y	Z	A	B	C	D	E	F	G	H	I	J	K	L	M	N	O	P	Q	R
T	T	U	V	W	X	Y	Z	A	B	C	D	E	F	G	H	I	J	K	L	M	N	O	P	Q	R	S
U	U	V	W	X	Y	Z	A	B	C	D	E	F	G	H	I	J	K	L	M	N	O	P	Q	R	S	T
V	V	W	X	Y	Z	A	B	C	D	E	F	G	H	I	J	K	L	M	N	O	P	Q	R	S	T	U
W	W	X	Y	Z	A	B	C	D	E	F	G	H	I	J	K	L	M	N	O	P	Q	R	S	T	U	V
X	X	Y	Z	A	B	C	D	E	F	G	H	I	J	K	L	M	N	O	P	Q	R	S	T	U	V	W
Y	Y	Z	A	B	C	D	E	F	G	H	I	J	K	L	M	N	O	P	Q	R	S	T	U	V	W	X
Z	Z	A	B	C	D	E	F	G	H	I	J	K	L	M	N	O	P	Q	R	S	T	U	V	W	X	Y

维吉尼亚密码的密码表

在制作这种密码时，首先要设置一个关键词。比如我们可以把关键词设为 ningmeng，来看看前面那句话的密文会变成什么——

my name is lemonquark

第一个字母是 m，关键词中的第一个字母是 n，所以 m 就要被替换成表中第 m 行第 n 列的字母 z；

第二个字母是 y，关键词中的第二个字母是 i，所以 y 就要被替换成表中第 y 行第 i 列的字母 g；

第三个字母是 n，关键词中的第三个字母是 n，所以 n 就要被替换成表中第 n 行第 n 列的字母 a；

……

一般来说，关键词比较短，需要循环利用。上面的关键词只有 8 个字母，那么明文的第 9 个字母还要对应关键词的第 1 个字母。

my name is lemonquark 用这样的方式加密后就变成：

zg agyi vy ymzuzuhges

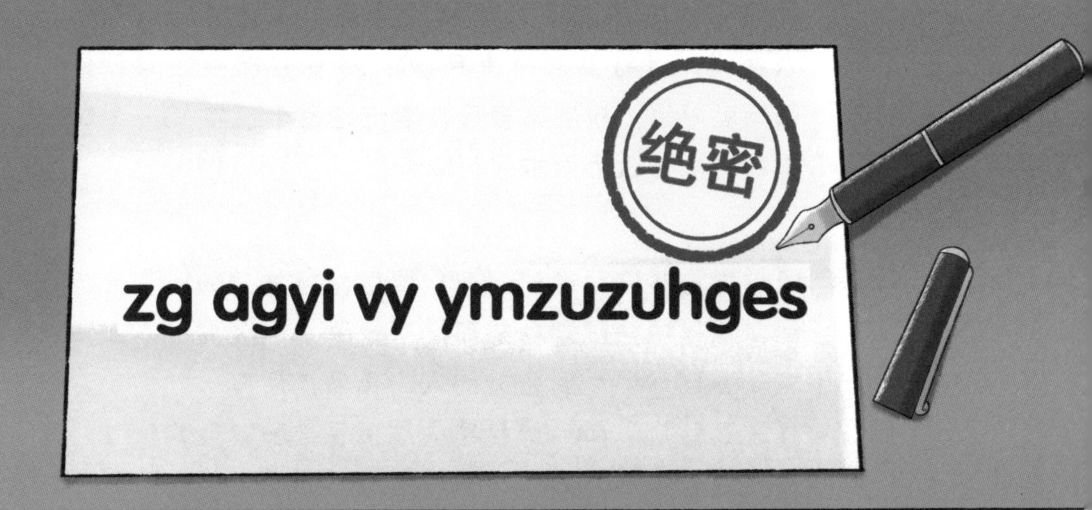

俗话说，兵不厌诈。做人要真诚坦白，而搞密码比的就是看谁飘忽诡异，让人猜不透。维吉尼亚密码能三百多年金身不破，有两道“护身符”。第一道是每个字母的替换结果，与关键词紧密相连，相当于每个字母使用不同的密钥，令破解难度飙升。第二道是，密码表和关键词并不是唯一的，传递信息的双方可以不停地更换密码表和关键词，让对手望“密”兴叹，晕死你没商量。

那我们中文怎么替换加密呢？难道先写成汉语拼音？

这也是个办法。可是汉语拼音的年龄只有几十岁，以前没有汉语拼音的时候呢？

那可不太好办。英文就 26 个字母，不管怎么替换，满打满算，也只要找 26 样东西来替换就够了。汉字太多了！要记住每个汉字都替换成什么也太难了！

哎！你这个思路很对。中文要做替换加密的话，仅仅替换规则就够印厚厚一大本了。那就是密码本。拿到密文的人，要像查字典一样逐字替换。而且一旦密码本丢了，那就会发生泄密事件，因此在我国历史上，很少会用替换加密。

那中文就只能用“乾坤大挪移”的思路来加密了，怪不得都去做藏头诗了呢！

别灰心嘛！中国人总是有自己的办法。你看——

字典变身密码本

你看过谍战类的电视剧没有？里面经常有这样的镜头：一个人晚上在家听广播：“呼叫深海，呼叫深海……”然后跟着一串莫名其妙的数字，什么 2876,3458,1402……听广播的人则边听边记下数字，然后翻开密码本，把数字转换成明文。

这也是一种替换加密。

那个密码本一定是上级给他的吧？

哇！你想一想，这个人要一直潜伏在满是敌人的城市，身上带着一本密码本，里面密密麻麻地写着每个汉字替换成什么。一旦遇到敌人搜查……哪怕是仅仅被人看到他的行李……会怎么样？

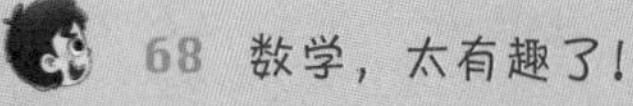

很容易暴露，啊——

对呀！如果真是那样的话，相当于把“我是特工”的“身份证”带在身上，太危险了！

那这个密码本怎么才能不被发现呢？

实际上根本没有密码本。

那个所谓的密码本实际上就是一本普通的字典。不显山不露水，我有本字典怎么啦？谁有本字典都很平常，不会引起怀疑。

把字典当成密码本，是中文特有的加密方式。我们中国人发明的一种替换加密方式，就是把汉字替换成一组数字。传递信息的双方可以事先约定好一本字典作为密码本，加密方可以把汉字译为一组 4 个数字，其中前 3 个数字就是这个字所在的页码，最后一个数字代表这个字在相应页码上的位置。真是踏破铁鞋无觅处，得来全不费工夫。

这样既可以传递消息，又不用制作一本专门的密码本，就算丢了，最多也就是送人一本字典而已。当然作为密码本的字典，也是需要经常更换的，而且绝对不能用大多数人都使用的字典，比如《新华字典》，如果那样的话，就太容易暴露了。更加谨慎一点的做法，我们可以用一本普通的书来代替字典。这样虽然每个汉字对应的数字要多一些，却更安全。

柠檬，你讲了半天的密码是很好玩，不过好像和数学没有什么关系啊！

别急。前面讲的加密方式都是几百年前使用的，都已经被破解了。给你讲这些，是为了让你了解加密的思路。至于现代的加密方法，那可就——

数学闪亮登场：计算加密法

如今，鸿雁传书早就不复存在。“探子来报”只能在戏台上看到。眼观六路、行色匆匆、压低帽檐、戴大墨镜的情报员是电视剧里的事儿。

现代社会，无线电成为信息传递的载体。加密的战场也就从白纸黑字，转移到了“永不消逝的电波”。

新问题来了！怎么在无线电中加密呢？

现在，有请本书的主角——数学闪亮登场，为我们带来计算加密法。

计算加密法可以分成 3 个步骤。

步骤一：赋值，就是给每个汉字或者字母赋予一个数值。

这个数值与汉字或字母一一对应。赋值的方法有很多，比如给 a 赋值 1，给 b 赋值 2，给 c 赋值 3……这样，“my name is lemonquark”这句话就变成了

13 25 14 1 13 5 9 19 12 5 13 15 14 17 21 1 18 11

步骤二：“十改二”，就是将赋值后的十进制数字改造成二进制的数字。

为保证信息传递的准确性，每一个数字的二进制数码都写成五位。于是，上面一组数字变为

01101 11001 01110 00001 01101 00101 01001 10011 01100 00101 01101 01111 01110 10001 10101 00001

10010 01011

步骤三：设计一组密钥，与上面的二进制的数字相加。

我们可以随便设计一组密钥，比如 001110101000100。密钥的长度没有限制，当密钥长度不够时，可以循环使用，类似前面讲的关键词。

注意：在计算的过程中，1+1=0，不需要进位，这只是为了计算简单而制定的人为规定，我们称之为算法。

看看加密后的结果：

新的这组二进制数就是密文。可以通过电报发出：滴答答滴，滴滴答答，滴答滴答……

接收到密文的人，反向执行刚才的三个步骤，就能得到明文了。

这种加密方式好比武功中的“无影脚”，千变万化、神鬼莫测。

比方说，第一步中，可以给每个汉字赋一个 4 位数字，也可以赋 5 位、6 位数字。谁猜得中呢？

第二步中，也不一定是二进制啊，也可以转化成四进制、八进制、十二进制……数码。

第三步中，密钥的设计和算法更是五花八门！借助计算机这样强大的计算工具，我们可以把密码设计得天花乱坠。算法的设计也是随意的，我们可以规定不进位，也可以规定进位……

柠檬悄悄话

二进制是什么？没什么复杂的。我们熟悉的是十进制数字，最大的一位数是 9。二进制数字可就简单了：总共两个数，最大就是 1。看过本书第 11 章“十进制不是天上掉下来的”，你就知道了。别担心！你学过的数学知识都罩得住。

我的天呐！我看出来了，这样的密码简直是三保险，密钥、算法和赋值方式，他们本身一个个就是秘密，都需要破解。要想破解这“三合一”的密码，真要把人难哭了！

没错！刚刚柠檬还只是举了一个简单的例子，为的是让你明白加密的原理和基本步骤。

要是复杂的，是什么样呢？

那就是算法和密钥都很复杂呀。刚才的算法和密钥不过是些 1+1，太小儿科了！

哦，复杂的就需要加减乘除齐上阵了吧？

还是弱爆了！有请自然科学的皇后——数学，打开她丰富的函数库，挑出一些令人目眩的“高难动作”，或者加密的人自己直接定义出一个函数来，这样算出来的结果，保证谁也看不明白，密码铜头铁臂、固若金汤。

真没想到，密码也和数学有关！唉……那等我到了高年级，会不会像珠算一样，数学课也教密码呢？哈哈，那该多好玩啊！

不是到高年级，是大学。现代密码学已经成为一个独立的学科，与语言学、数学、电子学、声学、信息论、计算机科学等有着广泛而密切的联系。前面讲的计算加密的方式，正是计算数学的一部分。

啊，还是大学的课程啊？

不仅如此，我们中国的科学家还发明了量子加密法，利用量子物理的性质来给信息加密，使这个秘密成为永远也无法破解的秘密。

量子加密！太棒了！我今天学会了很多！我现在就去弄个密码……

柠檬叫小克回来干吗？请看下篇。

第 6 章

别动！你正拿着一个密码

另类密码

好了，不开玩笑了。

条形码，相信你能接受它是一种“码”，可要说它也是一种密码，你一定会摇着头说，我不信，你瞎说。

那条形码是什么呢？是一串道道儿。

是的。这一串道道儿代表一串数字，你知道吗？

那些道道儿，哦，我们还是说书面语吧——那些条纹，条纹的宽窄和条纹之间的间距，就包含了要传递的信息。

喏！上面就是一个条形码，如果没有读码器，你能知道它是什么意思吗？它认识你，你不认识它。这不是和密码一样嘛？全世界所有的条码都使用统一的编码方式，条码也可以说是一种公开的密码。这么说，你就能接受了吧？

公开的密码？那既然也不是什么秘密，就是一串数字，也不怕让人知道，干吗不干脆就把这串数字印上呢？干吗还要多费一道事，把数字变成条形码呢？

是啊，听起来是多费了一道事。要回答你这个问题，我们要看看是谁发明了条形码，他为什么要发明条形码。其实，他原本——

就想省点事儿

条形码的想法最早产生于 20 世纪 20 年代。美国人约翰·科芒德看到邮局的工作人员每天要手工分拣大量信件，虽然他们已经很熟练了，手眼配合，唰唰唰唰……可还是干得很辛苦。于是他就想，这工作能不能让机器来完成呢？

可机器怎么能认识人手写得龙飞凤舞的英文花体字地址呢？他想到了给不同的地区设置数字代码。

可机器识别数字 0,1,2,3,4,…,9 也有难度，需要把数字的呈现形式变得简单点。

于是，他想到了把 0~9 这 10 个阿拉伯数字转化成粗细相间的条纹，这样就可以被光电信号读取识别了。

酷！不过条形码的历史并没有那么悠久，因为人的脑子又一次跑在了时代的前面，当时的技术还不能够把科芒德的想法变成现实。直到大约 30 年后，技术的进步使条形码真正诞生。

柠檬悄悄话

为什么说“又一次”？因为我们还讲过一个设想超前，一度只能作为畅想，最终梦想成真的故事。请看本套书《物理，太有趣了！》第 8 章“悬在铁轨上飞奔的火车”。

20 世纪 70 年代，诺曼·伍德兰德将条形码引入商业领域，从而引起了全球商业的大变革，原先顾客结账时，售货员要查看每件货物的价格标签，计算总价格，收钱，等顾客走了还要记账，核查库存……有了条形码和计算机管理，这一切都变得简单了。条形码不仅仅为消费者在超市购物节约了大量时间，还大大降低了物流、仓储的成本，提高了效率。可以说，条形码就是每一种商品的身份证。条形码在商业领域的使用，大大地改变了我们的生活。

你说的这些我也见过。去超市买东西的时候，收银员手里拿着一个——那个叫什么？

读码器。

哦，读码器——冲着每件商品的条形码，“嘟”的一声，商品的名字和价格就显示在计算机屏幕上了，很方便。

不光是超市收银员的手里有读码器。有的手机也能扫条形码，就是读取条形码。

哦，我们又不去超市收款，为什么要用手机扫条形码呢？

这样的话，任何一种商品，只要用手机扫一下它的条形码，我们就能知道这种商品在各大超市里的价格啦！

哈哈！那可太好了！那样的话，可以比比哪个超市卖我最爱吃的巧克力派和薯片最便宜，吼吼，真不错啊！

那你也不要吃太多啊！

我知道，手机还可以扫一种叫二维码的，就是那种方形的……

没错。现在，我们马上就可以来个——

二维码大扫描

二维码看上去密密麻麻一大片，其实原理并不复杂。

如果说条形码是信息的一字长蛇阵，二维码就是信息方队。与条形码相比，二维码可以携带更多的信息。

怎么叫“携带更多的信息”呢？

嗯，你见过那种二维码——就是可以用手机扫一下就可以付钱或者加微信好友？

见过啊，我妈妈还扫过呢。

那种二维码叫QRCode码，是最常见的一种。柠檬就拿它来举个例子。

QRCode码就是一个21×21的二维点阵。点阵里的每一个点都可以有黑、白两种标识，相当于一个二进制数字。也就是说，这样一个二维码最多可以传递一个441位的二进制数字。当然，在实际中，不可能传递这么多信息。

现在，柠檬变身二维码读码器，为你仔细扫描、全面解读一个QRCode码。

上面是一个QRCode码示意图。

其中的黑色和白色的区域是固定不变的，它们的作用是告诉解码程序：“嘿！我在这儿！往这儿看！”当你用手机扫描这个二维码时，软件会首先寻找黑色和白色的区域。如果没有这样的区域，

软件就没办法确定二维码在哪里。

黄色的区域才是用于传递信息的，可以传递一个 208 位的二进制数字。蓝色的区域则是用来纠错的，它的目的是用来识别黄色区域传递的信息是否有错，就像身份证号码里的校验码一样。

好了！滴——扫描完毕。

你注意到了吗？微信公众号的二维码是正方形的，飞机的登机牌上的二维码就是长方形的。这是怎么回事呢？和条形码不同，二维码没有全球统一的编码方式。二维码的标准和编码方式有好多种。二维了嘛，就是丰富了一些。常用的矩形二维码标准有 Code16K、PDF417 等，常用的方形二维码标准有 MaxiCode、Aztec code、QRCode、Data Matrix 等。

PDF417

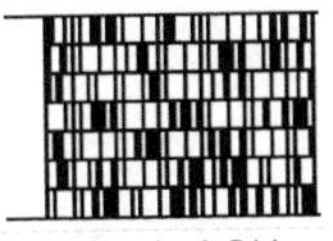
Code16K

MaxiCode

Aztec code

QRCode

Data Matrix

回想一下，你都在哪里见过二维码？

嗯，最常见的是广告牌啊。

对，还有呢？

嗯……（小克回忆中。）

有一个地方你可能没注意。

哪里啊？

火车票。

火车票？

火车票上的二维码记录的都是你的个人信息，所以即使自己不需要的火车票也不要随便给陌生人啊！

好！以后要是有人跟我要我的火车票，我就说：嘘！秘密！

第 7 章

把圆变成方怎么就不行

喂，柠檬！你拿把尺子，比比画画干什么呢？

我在解决一个数学难题，嗯，简单地说，就是把圆形变成方形。

这，这……这算什么难题啊？我说你……真是！你脑子一定是卡住了吧？（掏出一块圆形饼干。）喏！这是圆的，没错吧？等着，看我的！（咔咔咔咔，咬4口。）变成方的了吧？

呃……

柠檬，你真笨！我就说嘛，把圆变成方很简单，用嘴咬不就行了？或者用剪子剪啊，要么你拿刀子裁掉也行啊！你拿圆规和尺子干吗？

你的脑子真快！一会儿就想出这么多办法。不过，柠檬不能用嘴咬，也不能用剪子和刀子。

为什么？

因为，我玩的是一种——

尺子和圆规的游戏

俗话说“不以规矩，不成方圆”。规就是圆规，矩是一种直角尺，规和矩是我国古代木匠设计家具的主要工具。

规矩，有时候确实是挺束缚人的。有些人不喜欢太多的规矩。不过规和矩真的是两样很了不起的东西。你可别小看它们！

在同是“四大文明古国”的古希腊，人们也很看重和喜欢规和矩，和我们中国古人稍有不同，他们用的是直尺和圆规。需要说明的是，直尺仅仅是一把直直的尺，没有刻度的。

就凭这两个简单的小玩意儿，外加一个像你这样“诡计多端”的聪明脑袋和一双灵巧的手，唰唰唰唰，通过画图的方式就能解决一系列的数学问题。厉害吧？好玩吧？数学，不总是你印象里的加减乘除、进位借位，吭哧吭哧埋头苦算。数学也有妙趣横生的一面。

我来给你表演一下。请看！

这里有一条线段。

柠檬仅凭直尺和圆规，画出一条直线来，让这条直线垂直于原有的线段，并且把这条线段平均地一分为二。

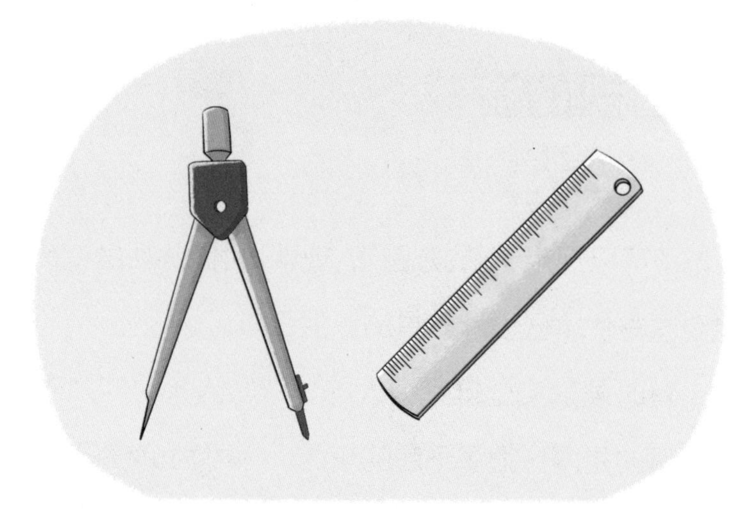

这有什么难啊？还用直尺？我用眼睛看，就能画出来。

光用眼睛毕竟不够严谨，不同的人有不同的判断和感觉。

那我拿尺子量呢？

我刚才不是说了吗，尺子没有刻度，不能用它量。

这……

我用直尺和圆规可以让人心服口服、毫无争议地画出这条垂直平分线。你看着啊！

取个名字吧！这条线段叫 AB。

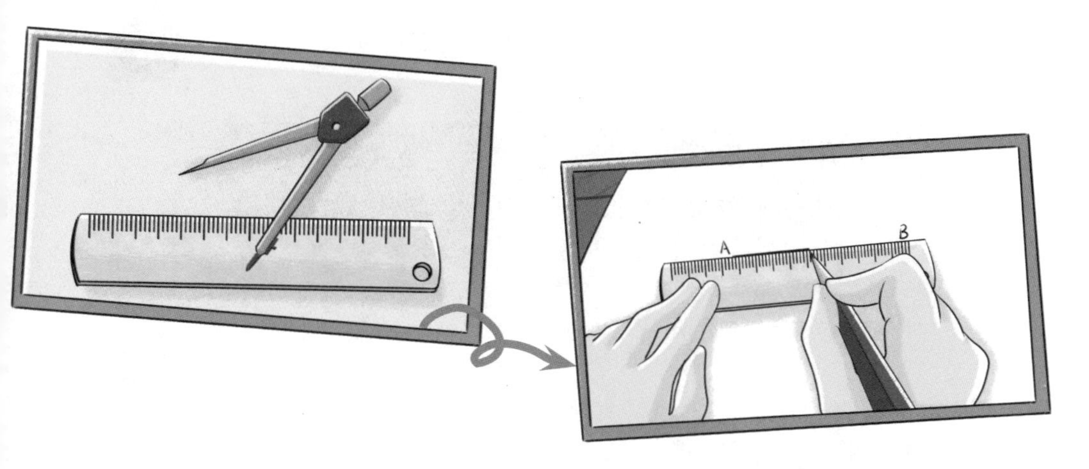

下面柠檬只使用直尺和圆规，画出线段 AB 的垂直平分线。

第一步：分别以 A、B 为圆心，用圆规以同样的半径画圆。注意，圆的半径要大于 AB 长度的一半。

第二步：假设两个圆的交点分别为 C 和 D，用直尺连接 C、D，直线 CD 就是线段 AB 的垂直平分线。

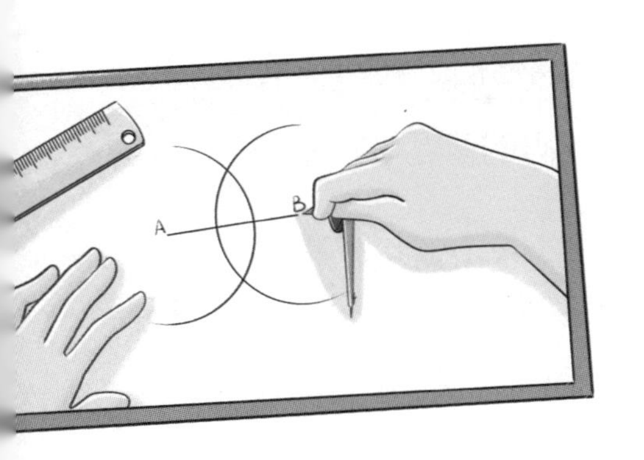

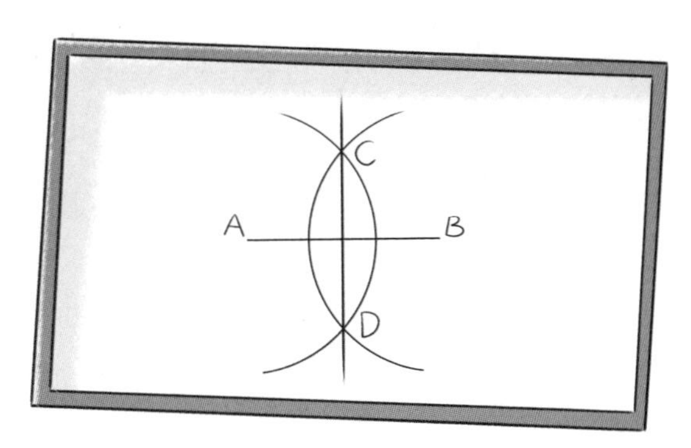

真神啊！原来是这样的！

是不是挺好玩的？在数学中，直尺和圆规这对搭档联手出击，还有个名字，叫尺规作图法。

哦。可这……这跟数学也有关系？

是的。尺规作图法可是几何学的重要组成部分。

几何？

学好几何用处大

几何学研究的是各种图形、形状以及它们之间的联系。

几何学是数学的重要分支，它最初的意思是“测量土地的技术”。

在古埃及，尼罗河定期泛滥，迫使人们在每次泛滥过后，都要重新丈量土地，从而建立了最初的几何学。

数学，尤其是几何学，在古希腊具有很高的地位。

公元前 338 年，古希腊学者欧几里得写了一本书叫《几何原本》。这本书被公认是几何学的开山之作。在书里，他建立了欧几里得几何体系，成为现代几何学的鼻祖。

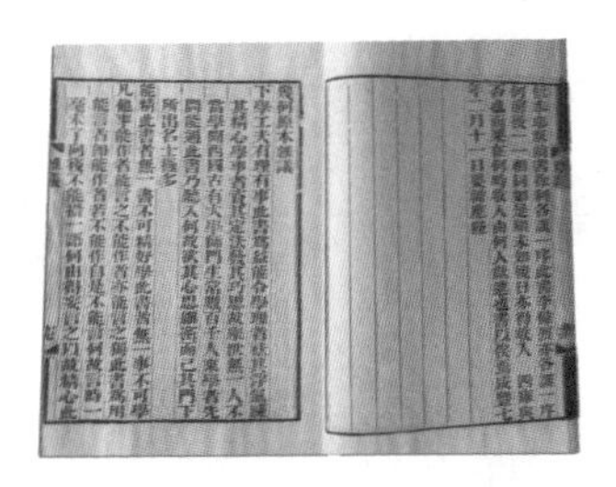

作为经典著作，《几何原本》被多次修订和翻译。至今已有 1000 多种不同的版本。明朝时期，科学家、政治家徐光启翻译了《几何原本》，影响并改变了中国数学发展的方向。

嗨，我的数学课本上说“长方形的面积等于长乘以宽”，这个就算几何学吧？

没错。还有你到中学才会学到的平面几何和立体几何，都是欧几里得几何学的成果。

哦，这就叫几何啊！那你刚才说尺子是没有刻度的。我们用的尺子都是有刻度的呀，没刻度怎么量啊？你不是说，几何最初就是要量土地吗？

这正是几何学迷人的地方！

因为任何一次测量的结果，都只是一个特殊的结果——这条线长 3 米，那条线长 5 米……而几何学家们要追求的是主宰这条线长度等于那条线，这个角和那个角一样大，这几个角加起来和是多少……这样的永恒不变，放诸四海而皆准的东西。也就是说不是要追问数字，而是要了解规律。所以传统的几何学，倾向于不测量，也就是把尺子上的刻度当空气，视而不见。因此，尺规作图法背后透露的是点、线、角度之间的普遍规律。它看起来比比画画，像画图画似的，而实际上是探索隐藏在图形背后的奥秘，是人类的智慧在点线面之间的舞蹈。

啊！你说的，我有点明白了。就是几何学家的心很大，没兴趣关心某个图形里的某条线是3还是5，这都是小事。他们关心的是大事：这个模样的图形，比如三角形有什么一样的地方，正方形都有什么共同特点——甭管你是3是5，都肯定有的特点。就像甭管孙猴子怎么飞，都逃不出如来佛的手掌心一样。

你理解的意思差不多。

呵呵，学好几何用处可大了！

在欧几里得之后，几何学发展的脚步并没有停止。人们逐渐打破了欧几里得几何的规定，将数值测量和计算引入几何学，发展出了解析几何、代数几何；突破欧几里得几何中的一些公设的限制，形成了黎曼几何、罗氏几何；将其他数学理论与几何相结合，形成微分几何、分形几何……几何学已成为数学中非常重要、散发恒久魅力的一部分。

噢！这么多几何啊！那些都很高深吧？

是不太简单，尤其是对于现在的你来说。

我看你弄的这个尺规作图法就挺好玩的，嗯，很神奇的样子！

不过尺规作图法也不是无敌神勇、万用万灵的，也有这小哥儿俩搞不定的事，其中就有著名的"化圆为方"问题：要求作一个正方形，使它的面积和已知圆的面积相等。我刚才就是做这个呢。

哇！谁这么无聊，想出这么一个鬼马的问题？

唉，没错，你说对了！这人还真因为无聊。呵呵，柠檬的故事又来了……

闲得发慌的人

这个“无聊”的人是希腊哲学家阿那克萨戈拉。

在古希腊，人们认为天上的星辰都是神灵，比如太阳神阿波罗，月亮女神阿耳忒弥斯……偏偏这位阿那克萨戈拉不这么认为，他说：“根本就没有太阳神！太阳只不过是一块火热的石头，大概有伯罗奔尼撒半岛那么大；月亮也不是什么女神，那是一面大镜子，它本身并不发光，全是靠了太阳的照射，它才有了光亮。”

哎呀！厉害呀！这个“无聊”的家伙还真有两下子啊！他说的虽然不完全正确，但已经接近事实了。不过古希腊人不知道这些，他们被阿那克萨戈拉气得半死。

古希腊的执政者以“亵渎神灵”罪，将阿那克萨戈拉关进了监狱。亲爱的小朋友，根据柠檬的长期观察，发现了一条“科学规律”，我还给它起了个名字，叫“柠檬定律”，那就是：

科学家和孩子一样，有一个显著的共同点——都闲不住。

这个阿那克萨戈拉也是这样。他被关在监狱里虽说哪也去不了，什么都不许干，可他的脑子照样不闲着。

有一天夜里，阿那克萨戈拉睡不着，透过监狱的铁窗看月亮，圆圆的月亮透过正方形的铁窗照进牢房。他不断改变自己的观察位置，一会儿看见月亮比铁窗大，一会儿看见月亮比铁窗小，老是不能完全重合。“能不能让两个图形的面积一样大呢？”阿那克萨戈拉在心里想。

看！真让你说着了。他真是无聊，闲得发慌，闲着也是闲着，不如动手试一试——尺规作图法——上！

起初，阿那克萨戈拉认为这不过是小菜一碟，谁知他白天画晚上画，吃饭前画，吃了饭后接着画……还是没成功。

出狱以后，他把这个问题公布出来，立刻引起了许多数学家的兴趣，大家都想挑战一把。不过没有人能够解决这个问题。

到了文艺复兴时期，意大利著名的画家达·芬奇给出了一个解法：他用已知的圆为底，圆的半径的一半$\frac{r}{2}$为高，作了一个圆柱。把圆柱放倒，在平面上滚动一周，得到一个矩形。这个矩形的面积就是圆的面积，然后再将矩形化为等面积的正方形即可。

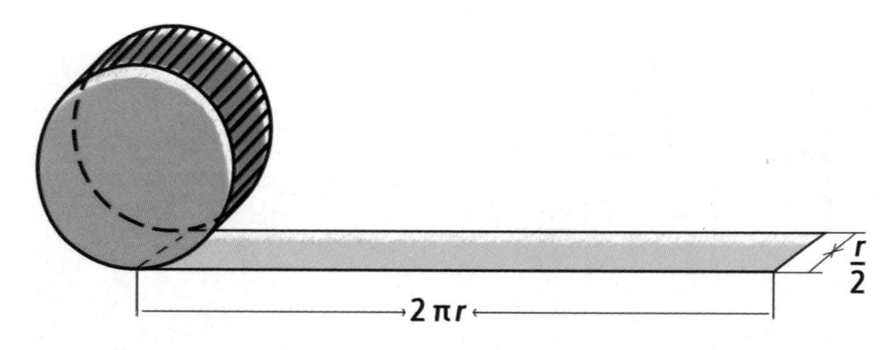

做一个底面半径为r，高为$\frac{r}{2}$的圆柱体。想象如果这个圆柱体周身刷满油漆，在平面上滚动一圈，那一定会在平面上留下一个矩形印迹，面积是$2\pi r\times\frac{r}{2}=\pi r^2$。$\pi r^2$恰好是圆的面积。剩下的任务就是把油漆留下的矩形变成正方形，这对尺规作图法来说，是小菜一碟。

天呐！有没有看花眼？达·芬奇长的是什么脑子啊？！这个天马行空的办法，他是怎么想出来的？

你先不要自卑，这个方法柠檬也想不出来。这是把一个平面上的问题，变成立体问题，从而“曲线救国”。可是对不起！达·芬奇他老人家出界了——“化圆为方”是个平面几何问题，就得在平面里搞定。因为“越位”，天才画家的高招儿没有被承认。仍然有一位又一位的数学家，拿着直尺和圆规在纸上，不厌其烦地画呀画呀，屡战屡败，屡败屡战，前赴后继。

直到 1882 年，一位叫林德曼的德国数学家证明了：局限在平面范围内，不可能用尺规作图法解决化圆为方的问题。

得！大家不要纠结了。数学家们找点别的问题研究去吧。这个困扰了数学界将近 2000 年的问题终于以这样的方式，给为它绞尽脑汁、寝食难安的数学家们一个交代。

啊？这样啊？那既然都证明了是不可能的，柠檬，你还费什么劲啊？

闲着没事，试试玩嘛。有些事虽然做了不一定成功，但去试一试，做一做，也会锻炼自己的头脑，就当是个智力游戏啦。不过呢，你的方法我倒是真的很欣赏！

啊？不会吧？我的？我那个不符合要求啊。你不会是讽刺我吧？

我没有！历史上有这么个故事：赵国的都城邯郸被魏国军队攻打，赵王不得已向齐国求救。齐国的军师孙膑没筹划怎么派遣更强大的军队打退邯郸城下的魏军，而是派兵奇袭魏国。这下，魏军只得班师回国，赵国的危机自然就化解了。

我听说过，这好像叫“围魏救赵”。

懂得还真多！我想说的是，我们做事是需要执着，但有时也不能一条道走到黑，换个视角，柳暗花明；换个思路，马到功成！

啊！我没有你说的那么好吧？

要看场合。如果是考试或者作业，题目规定要用某种方法，就得老老实实按题目要求来，不能耍花招，否则得不到分数。但是解决实际问题时，大可以放飞自己的想象力。

耶！我最喜欢放飞想象力了！那看来我很棒哟！

动动手：

用圆规和直尺可以画出很多漂亮的图形，比如下面这些图形，你会画吗？你能设计出更加美丽的图形吗？

第 8 章

圣诞老人的烦恼

小克，我们来玩个角色扮演的游戏，好吗？

好呀好呀！我来演什么呢？

请你来演一个给人送去快乐的人。

谁呀？

圣诞老人，好不好？给小朋友送去礼物和欢乐。

好呀好呀！

那这些是请你去派送的礼物，一共 50 份。有巧克力礼盒、有芭比娃娃、有崭新的轮滑鞋、有游乐园全年家庭票……

哦，太棒了！包装得这么漂亮！收到礼物的人一定会乐坏的！

可是……有点辛苦哦，需要你去 50 个地方送礼物，而且还要今天都送完。

不怕不怕！我动作很快的！

你真能干！恐怕光靠你手脚麻利还不行。我们还需要找一条最合理的送礼物路线，跑最少的路，这样不是更好？

最好的办法就是，设计一条路线，这条路线可以穿过 50 个要去的地方，还能让你不走回头路。这样你走的路线最短，当然最节省时间。

好是好，可真能找到吗？

耶！找到啦

让我们先来替小克，哦不，圣诞老人侦察一下路线。这是北京某小区 5 号院的地图，也是“圣诞老人”的第一站。

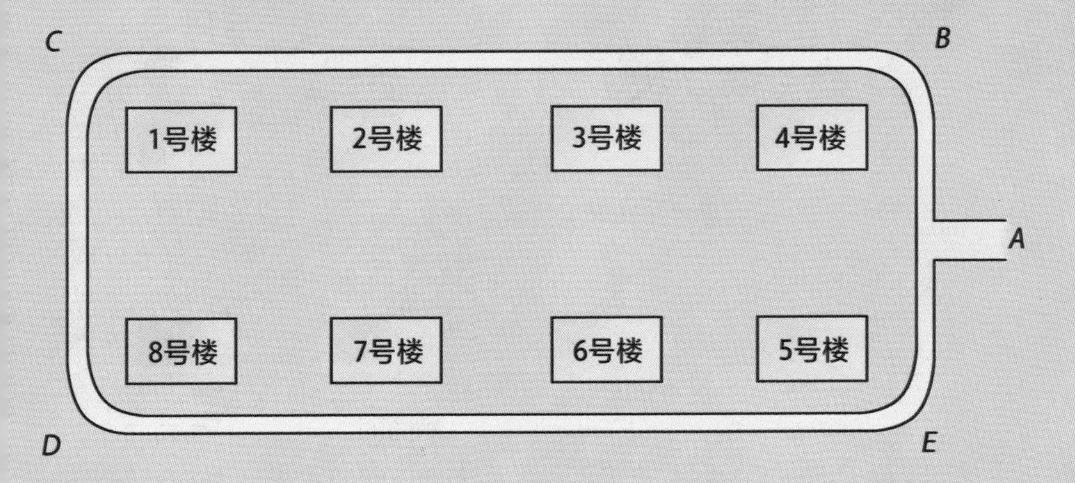

从这张地图上，我们可以看出，我们可爱的“圣诞老人”可以从小区的东门进入小区，沿着 $A \to B \to C \to D \to E \to A$ 的路线行走，最终从小区的东门离开。在这条路线上，“圣诞老人”可以走遍小区所有的楼，不用走重复路线。这条路线就是最合适的路线。

哈哈，好极了！就这么干！我出发了，拜拜！

哎，等等，别急嘛！这才几个地方呀？你看看还有隔壁那个小区呢。

啊哦！有问题啦

与 5 号院一墙之隔的 4 号院。啊哦，有点闹心了。

假设“圣诞老人”仍然从东门进入，沿着 $A \to B \to C$ 的路线走，当他到达 D 点时，前面出现岔路了。走哪一边?

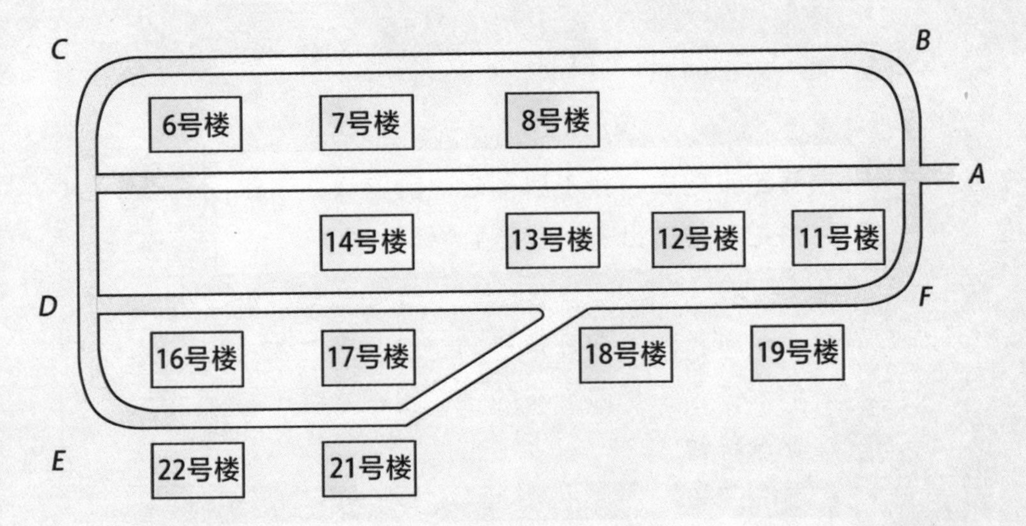

这时，“圣诞老人”面临选择：

如果走 $D \to F$ 路线，那么送完19号楼的礼物，想去21、22号楼，就要走回头路。

如果走 $D \to E \to F$ 路线，那么送完19号楼，再去14号楼，也要走回头路。

无论如何选择，都不可能不重复地走遍所有的楼。如果想走遍所有的楼，就需要走重复路。

不是我们笨，是地形太复杂！显然，在这个小区里，找不到称得上“理想”的路线。

怎么会这样呢？刚才那个小区就很顺利嘛。

看来不是每个小区都那么顺利。

“圣诞老人”有点郁闷了……

哎，别郁闷啊！

这样跑来跑去，找不到最理想的路线，不能尽快把礼物送出去，多着急啊！

你先别急！找不到最理想的路线，并不能怪我们太笨了，是因为有的小区里根本就不存在理想路线。

那到底什么样的小区里能够找到理想路线，什么样的小区里不能找到理想路线呢？

噢，这是一个有趣的数学问题——

欧拉一笔画

莱昂哈德·欧拉（1707—1783），瑞士数学家。先让我们认识一下这张看起来挺普通的脸。等你进了大学，在数学和物理课上，会遇到左一个右一个的“欧拉”：欧拉函数、欧拉方程、欧拉公式……他的高产令人震惊。他一生写过 886 本书和论文，以至于彼得堡科学院为了整理他的著作，足足忙碌了 47 年！法国数学家拉普拉斯说：“读读欧拉，他是我们所有人的导师。”

3	1		2	8				
		4	7				6	
4		7			8		9	
	9			7			3	
	3		1			6		2
	8				5	2		
				2	4		5	3

数独游戏，你会玩吗？它也是欧拉发明的。

最早解决这个数学问题的是数学大师——欧拉。

13 岁入读巴塞尔大学，15 岁大学毕业，16 岁获得硕士学位，欧拉是 18 世纪数学界最杰出的人物之一。在数学领域，18 世纪可以被称为“欧拉世纪”。数学王国中，很多著名的符号，比如 π、e、sin、cos 都是欧拉发明的。欧拉还发明了数独游戏，这种数字游戏现在风靡世界。

当然欧拉在数学上的贡献远远不止于此，微分方程、数论、变分法等都是欧拉的杰作，不过它们都过于高深，你现在还无法理解。

1735 年，欧拉在俄罗斯的彼得堡科学院进行数学研究。有人向他提了一个有趣的问题：七座桥，一趟走。

现在俄罗斯的加里宁格勒市，在 18 世纪被称为哥尼斯堡。一条名叫普雷格尔的河流经哥尼斯堡。在一个公园里，普雷格尔河将公园内的陆地分为 4 块。为了能够方便地过河，人们在河流上修了 7 座桥。问题来了：我们是否能够从这四块陆地中的任意一块出发，恰好每座桥通过一次，且每座桥只通过一次，再回到起点？这就是著名的哥尼斯堡七桥问题。

这个好玩哎！怎么走这七座桥的问题立刻让无数人着迷。到底每天有多少人，在这七座桥上兜兜转转，从这头上去，从那头下来……现在柠檬已经无从考证。可有一点是确定的，这些人走来走去，也没找到答案。

其实，利用简单的数学知识，就可以知道，如果仅仅要求每座桥都走一次，那么走完这七座桥，一共有 5040 种走法。

不过为了完成“每座桥都走一次”的要求，有些桥不得不走两

次或者三次。显然，这不符合问题中“每座桥只走一次”的要求。

我们要做的就是从这 5040 种走法中找出一种走法，能够同时满足上面的两个要求，或者能把它推翻也行，也就是证明没有任何一种走法能满足上面的两个要求。

我的天呐！要是每种走法都一个个地走一遍，真是要把人累断腿呀！

当然不能都走一遍了！欧拉对这个问题也很感兴趣。他运用数学方法着手研究这个问题。

经过一年的努力，欧拉得到了答案。他认为，根本找不到这样一条路线。他怎么得出这个结论的呢?

原来，欧拉并没有傻乎乎地去“暴走”所有的路线。他把这个问题简化成了数学中的“一笔画”问题。

先数数，再画画

别人眼里的“体力活儿”，在欧拉这里用“智力”摆平。

别人那里的“跑腿儿”问题，在欧拉这里可以化为数学问题。

“一笔画”简单地说，就是讨论是否可以用一笔画出某个图形。

用数学家的眼光来看，图形中任何一个点都会连接若干条线。

如果一个点，连接的线数为奇数，那么我们就称这个点为奇点；连接的线数为偶数的点则为偶点。欧拉用数学方法，研究出这样的结论：

1. 任何一个连续的图形，奇点的数目一定是偶数。如果图形中所有的点都是偶点，那么这个图形一定可以一笔画成。画图时可以把任意一个偶点作为起点，最后一定能以这个点为终点画完这个图形。

2. 如果图形中只有两个奇点，其余的点都是偶点，那么这个图形也可以一笔画成。画图时必须把一个奇点作为起点，另一个奇点则是终点。

3. 如果图形中的奇点数大于 2 个，那么这个图形就不能一笔画出。画出这个图形所需的笔数为奇点数除以 2。

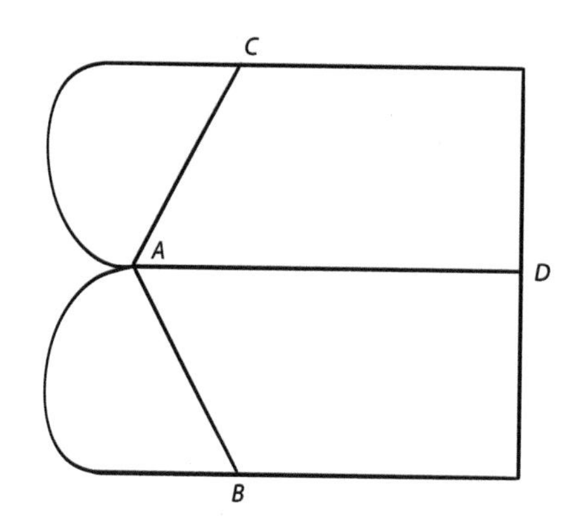

欧拉把七桥问题简化成上面的图形。可以看出，图中的 A 点连接了 5 条线，B、C、D 点连接了 3 条线，这 4 个点都是奇点。根据一笔画理论，不可能一笔画完这个图形，所以也不可能设计出一条路线，能够不重复地走完这 7 座桥。

别烦恼！圣诞老人

利用一笔画理论，我们同样可以解决圣诞老人的问题。我们把前面 5 号院的地图简化，可以得到这样一个图形：

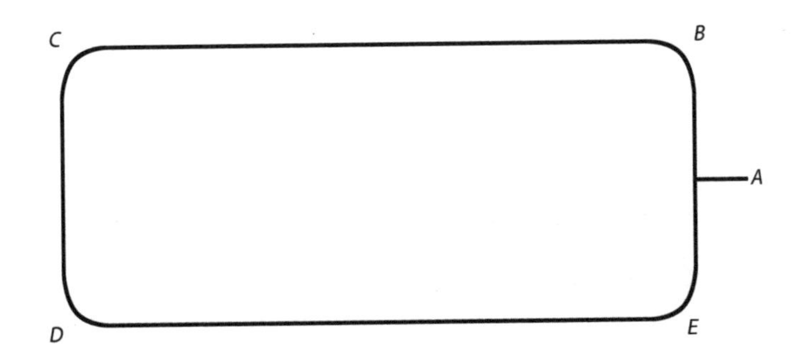

数一数！这个图形中，只有 2 个奇点。从 A 点出发，可以一笔画完这个图。

而 4 号院的地图简化后，就成了这样的图形：

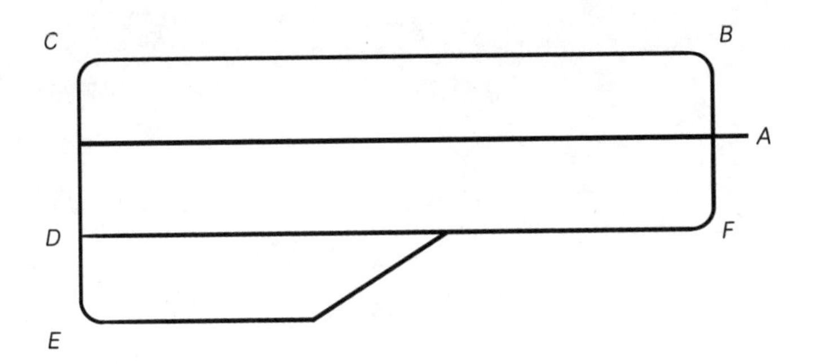

在这个图形中，有 4 个奇点。从 A 点出发，不可能一笔画完这个图。所以在这个小区中，找不到最理想的路线。

唉！上次把圆变成方，忙了半天，最后就告诉我一个“不可以”。这次我高高兴兴地听了半天，又是一个“不可以”。柠檬，你真没劲！

呵呵，“可以”是一种结果，“不可以”也是一种结果啊。

“不可以”有什么意思啊？没戏，白忙活，别干了！多让人扫兴啊！哼！

谁说“不可以”就是没戏啊？欧拉的“一笔画”理论，虽然宣告了某些事情“不可以”，但也——

找不到最理想的路线

一笔画出一片天

欧拉的一笔画开创了“图论”这样一门崭新的数学分支。

图论专门把各种各样的图形作为研究对象，用图形中一些特定的点来代表事物，用连接两点的线表示相应两个事物之间的关系。

图论？听起来就是研究图的，对吗？

呃……

那跟前面说的几何，有什么区别？几何不也是研究图形吗？你不是还说，研究图形的普遍规律，才是几何迷人的地方吗？

哦，几何是数学的一个分支，图论也是数学的一个分支。它们之间的关系应该这样理解——

图论和几何都是研究图的。几何研究的是图形本身的特点，比如三角形任意两边的长度和大于第三边的长度、圆形的圆心到圆上任意一点的距离都相等……

图论则是利用图形来研究某些事物之间的特定关系。图论关注的不是图形本身的“家长里短”，而是图形中点（代表事物）的数量以及这些点之间的联系（用线表示）。

现在，图论以及在图论基础上发展出来的拓扑学，不仅成为数学学科的一个重要分支，更是数学研究的前沿领域。

什么是拓扑学？是研究几何图形在一对一的双方连续变换下不变的性质的一门数学分科。这个比较复杂，我们简单看一个拓扑学比较有趣的例子就可以了。

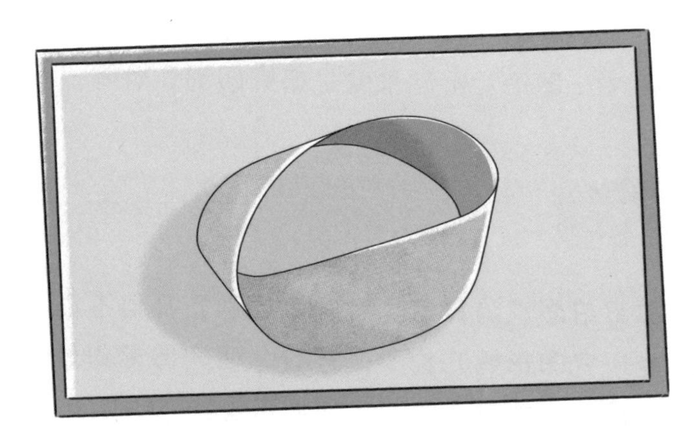

数学家莫比乌斯在 1858 年发现了莫比乌斯曲面，这种曲面不能用不同的颜色来涂满。不信你用纸条做一个，试试看。

这就是拓扑学研究的吗？

是啊。拓扑学的概念和方法在物理学、化学、生物学、语言学、经济学方面都有直接的应用。

哇！还能用数学去研究语言？我感觉它们一点关系都没有啊！

呵呵，那你听说过桥和数学有关系么？圣诞老人送礼物跟数学有关系么？去银行存钱取钱跟数学有关系么？很多事看起来都和数学仿佛没关系，而你一旦用数学的方法去看待它们，就会有与众不同的结果，带来意外惊喜。给你讲这些就是告诉你，数学并不仅仅是你在数学课上看到的那些。数学家们做的事情，其实很好玩！

动动手：

下面几幅图形都可以一笔画完吗？

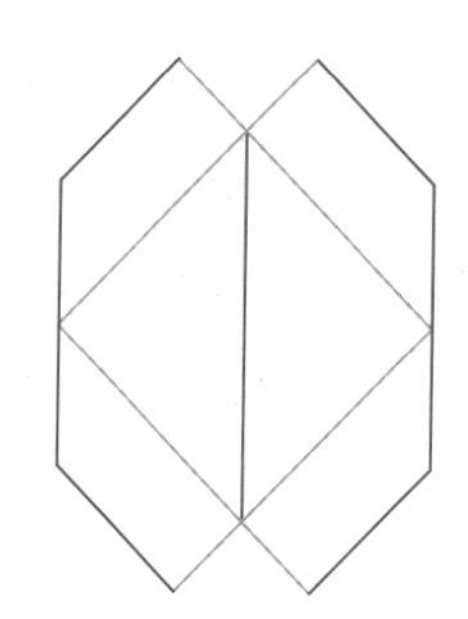

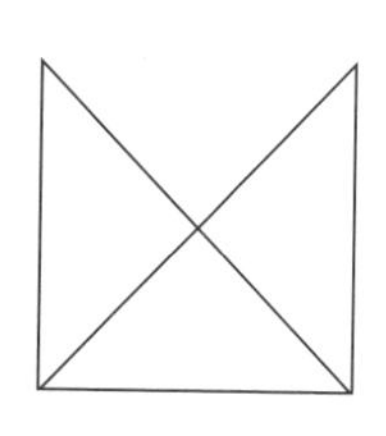

第 9 章

四种颜色就够了吗

小克，你看过地图么？

地图？当然看过。我家里就有，教室的墙上也挂着一幅中国地图和一幅世界地图。

你注意过地图的颜色吗？

地图的颜色？花花绿绿的……

看起来花花绿绿的，其实地图上标注不同国家和地区的颜色种数并不多。我说的是种数，你有没有数过有几种？

啊？没数过。好多种吧？看起来很多呢……五种、六种，还是七种、八种？

呵呵，你知道最少用几种颜色就可以画出一张地图吗？

四种就够了

显然，三种是不够的。

咱们找一张真正的地图来试一试，就拿柠檬的家乡水果市的地图来说吧。

请看！苹果区、橙子县和葡萄区三个地区两两相连。如果用不同的颜色区分它们的话，必须用三种颜色才能区分这三个地区。这还没完呢。这三个地区又都与其他地区相连，这样必须用第四种颜色来表示其他地区，才能保证将这三个地区与其他地区区别开来。

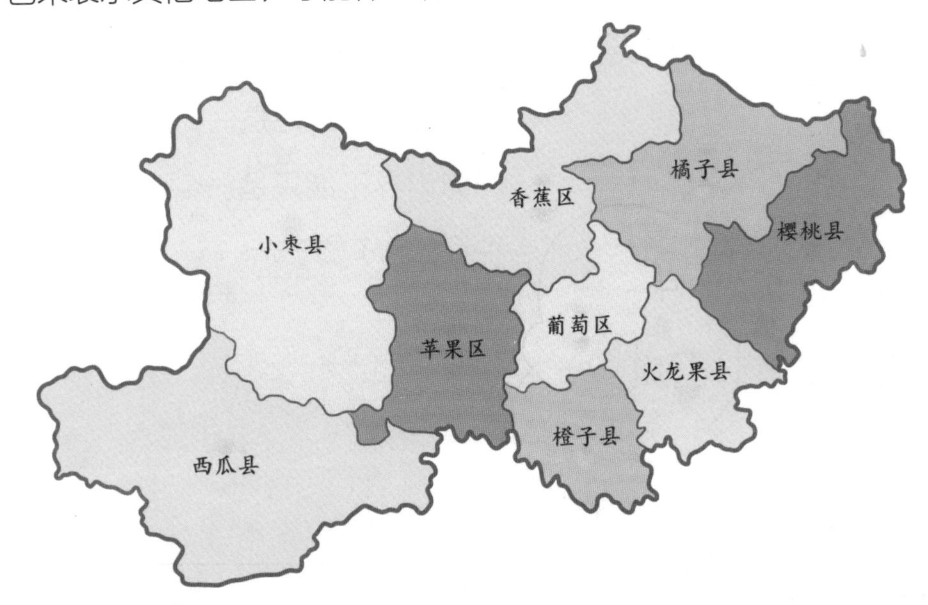

柠檬悄悄话

哪里有其他地区？睁眼说瞎话！

哦，这是作为一个数学问题的规定或者说前提。“四色问题”讨论的地图是无边界的，就是说不能仅仅讨论孤零零的一小块地图，而是天外有天，要有邻居，还有邻居的邻居……一直到天涯海角。

那四种颜色是不是够了呢？你可以自己试一试。就这幅水果市的地图来说，四种颜色就足够了。

这也是个问题

最早关注这件事情的，是一个叫格思里的英国人，他的工作就是绘制地图。格思里是个有心人。在工作中，他发现，无论多么复杂的地图，只要四种颜色，就能保证在相邻的地区涂上不同的颜色了。当然，前提是任何两个区域之间的边界不能只是一个点，否则四种颜色就不够了。

这也是个问题？当然是了！

1852 年的某一天，格思里把这个问题告诉了自己正在念大学的弟弟，希望弟弟能够证明他提出的“四色问题”。结果，他的弟弟认真地思考之后，发现这个问题挺“邪门”，既不能证明，也无法找到反例。没办法，格思里的弟弟又去请教他的老师——著名数学家摩根。可是，摩根也被这个问题“放倒”了，于是又写信告诉了数学家哈密顿。谁知，哈密顿也搞不定……

一传十、十传百，这个问题在数学界迅速传播。当时，“化圆为方”问题已经“臭名昭著”，难住了很多知名的数学家。现在又跑出一个“四色猜想”，把一批数学家挑落马下，真真让人头疼！偏偏越是谁都做不出来的难题，蔓延得越快，像传染病一样，于是人们送了这个难题一个“四色瘟疫”的外号。

此后 100 多年里，“瘟疫”继续“肆虐”。无数的数学家和数学爱好者热情高涨地投身“四色问题”的证明工作，但个个给撞个满头包！可气的是，它依然岿然不动，还没有任何人能够证明它是错误的。

啊？地图看起来挺复杂，弯弯曲曲的，居然用四种颜色就能搞定。这个“四色问题”听起来挺简单，可竟然这么难啊！

是啊！被它难倒的人里，还包括一位聪明得不得了、声名早著的“神童”。

谁呀？

是他——

难倒了爱因斯坦的老师

爱因斯坦在大学时有位老师，叫闵可夫斯基。爱因斯坦就很厉害了，可以说是前无古人后无来者的最强大脑。能给他当老师的人，肯定也不是一般人。闵可夫斯基从小就极其聪明。他小时候，有个叫希尔伯特的同学，曾经哭丧着脸对自己的父母说：“我估计自己是没什么太大的出息了。我们班上有个闵可夫斯基实在太聪明了！我都对自己没信心了……”

希尔伯特何许人也？20 世纪的数学大师，成就赫赫，彪炳史册！能聪明到让希尔伯特感到自卑，可见闵可夫斯基拥有过人的聪颖天资，从小就有“神童”的美名。

作为德国著名的数学家，闵可夫斯基成年后在大学里做老师。他的学生里就有日后成为一代科学伟人的爱因斯坦。想不到吧？在大学里，爱因斯坦并不是个乖乖的好学生，经常不去上课，惹得这位有脾气的“闵老师”骂他是“懒虫”。

有一天，闵可夫斯基刚走进教室，一个学生就递给他一张纸条，上面写了关于“四色问题”的猜想，希望闵可夫斯基能解决。显然，闵可夫斯基是知道这个猜想的，但之前并没有仔细地思考过。他微微一笑，对学生们说：“这是一个著名的数学难题。其实，它之所以一直没有得到解决，仅仅是由于没有第一流的数学家来解决它。”

为了证明“四色问题”并不复杂，闵可夫斯基决定当堂解决这个问题。于是，课不上了，说干就干！当着众多学生的面，闵可夫

斯基开始动手挑战“四色瘟疫”。

然而，“嗒嗒嗒，嗒嗒嗒……”粉笔在黑板上狂奔，一行又一行，问题没有闵可夫斯基想的那么简单。下课铃响了，他没有任何成果。没关系！下节课接着来……一连几天，无论课上、课下，闵可夫斯基都在思考这个问题。

终于有一天，闵可夫斯基走进教室时，忽然雷声大作，震耳欲聋。“唉，上帝在责备我狂妄自大呢，我解决不了这个问题。”闵可夫斯基自嘲道，于是又一位“第一流的数学家”退出了和“四色瘟疫”的纠缠。

我看出来了！这个问题又是解决不了的，是不是？前面你净告诉我这样的事儿了。

不要这个态度嘛！小朋友，要是都知难而退的话，科学怎么发展呢？故事还没完呢，四色问题虽然难，可是——

难出一个数学分支

闵可夫斯基虽然失败了，但仍有不少数学家试图解决这一难题，并不断提出新的理论和方法。

1939 年，美国数学家富兰克林证明了如果是 22 个地区以下，

无论地区分布如何复杂，都可以用四种颜色进行标注。

1950 年，拓展到 35 个地区；随后又拓展到 50 个地区。然而，这种推进显然是十分缓慢的。

计算机的发展大大提高了人类的运算速度。1976 年，美国伊利诺伊大学的哈肯和阿佩尔合作编写了一个程序。他们使用两台计算机，花了 1200 个小时，进行了 100 多亿次的逻辑判断，最终证明了“四色问题”。

在格思里提出猜想的 124 年以后，“四色问题”终于被解决了！伊利诺伊大学数学系的邮戳上加上了“四种颜色就够了”(four colors suffice)，以庆祝“四色问题”被解决了。

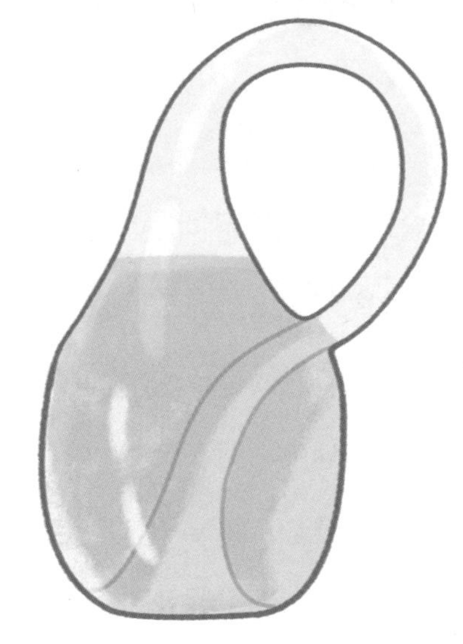

这是一个典型的拓扑学研究的图形——克莱因瓶。它是一个没有边界的二维平面，一只蚂蚁可以从瓶内爬到瓶外，而不需要穿过瓶子的表面。

“四色问题”被证明可不仅仅是解决了一个困扰人们一个多世纪的难题。在解决“四色问题”的过程中，产生了不少新的数学理论，也丰富了数学的计算技巧，发展成为图论的一部分，并成为拓扑学的重要部分。

不过，时至今日，仍然有不少数学家不满足靠计算机取得的成就，他们试图寻找一种更加简洁的证明方法。也许，在这个过程中，数学的发展又能大大前进一步。

慢着慢着！要是我发现“四色问题”有毛病，是不是也成了数学家啊？

啊？那你太厉害了！你发现什么毛病了？

刚刚我使劲儿回想了一下。我们教室里的世界地图，肯定不止四种颜色！

哦？是吗？

你一说只有四种颜色，我就觉得不对。我看过地图。美国的阿拉斯加和夏威夷，跟美国本土没有挨在一起，但是也要和美国本土涂一样的颜色啊。这样四种颜色就不够了。

你可真棒！记忆力真好！观察也非常细致！

我是不是推翻了“四色定理”？我是不是也是很厉害的数学家？

哦，你说的这个并不是一个数学问题。“四色定理”是有一些前提的，比如不承认飞地的存在，任何两个地区之间的边界不能只是一个点。所以它只是理论上的证明，在实际的地图中，可能会出现不满足这些前提条件的情况。这样，如果只使用四种颜色，会有些不方便。所以实际上，人们绘制地图时会使用五种、六种，甚至更多种颜色。这样地图更加好看，又能区别不同地区。

凭什么呀？怎么我发现的问题就不是数学问题呢？你不公平！你说的什么利息啊，密码啊，连圣诞老人送礼物，绕来绕去最后都成数学问题了。怎么我想出来的就不是数学问题了？

呵呵，别急嘛！听我说。比如，我们通过数学计算，算出生产一种产品需要准备1000个零件。可实际中，总要多准备几个零件，因为可能有意外损耗，是不是？这多出来的几个，就不能算数学问题啦。你明白了吗？

哦，我明白啦。这就是你们大人说的“理论和实际”的区别吧。

你真是太聪明了！你刚才能想到飞地的情况，真是太棒了！唉，看到你这么聪明，柠檬我也自卑了。

第 10 章

蜜蜂教给人类的

嗨，问你一个问题：为什么我们用的碗、水桶、脸盆、高压锅、炒菜锅都是圆的？

啊？没想过。是……为了好看么？

如果是为了好看，为什么不做成五角星形的？或者心形的？或者梅花形……

柠檬你真能想！心形的高压锅？五角星形的炒菜锅？那焖出来的米饭就是心形的了，还能摊出五角星形的鸡蛋！哈哈！一定会让人胃口大开，太有趣了！

是啊！这些形状的用品，必定会增加生活的乐趣。可为什么还是圆形一统天下呢？

嗯，圆形，圆形……圆形简单啊，好做！做成五角星形会比较麻烦吧？

你说的有道理，但不准确。理由是——

做成圆的最节省

告诉你，之所以做成圆形的，是因为这样最节省材料。不信么？那柠檬以高压锅为例，它近似可以看成一个圆柱体。

什么是圆柱体？

就是底面是圆形的，上下一样粗的一个柱子。看，就是这个样子！

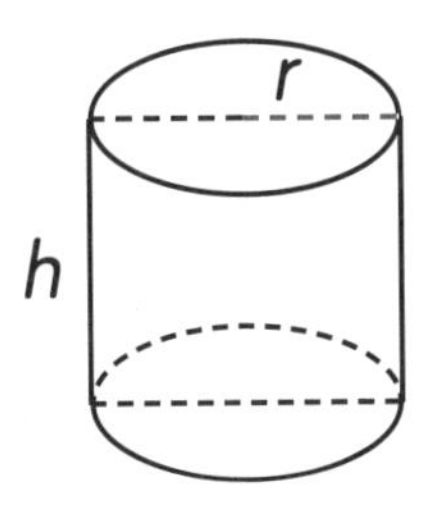

圆柱体的上下表面称为底面，旁边的面称为侧面。所有的上下一样粗的形状，都可以称为柱体。底面是圆形的，称为圆柱体；底面是方形的，称为立方体。

假设这个圆柱的高是 h，底面圆的半径是 r，那么——

圆柱体的体积是

$$V=\text{底面积}\times\text{高}=\pi r^2h$$

圆柱体侧面的面积是

$$S_1=\text{底面周长}\times\text{高}=2\pi rh$$

圆柱体上、下底面的面积和是

$$S_2=\text{底面积}\times 2=2\pi r^2$$

我们做一个锅，最关心它能装多少东西。高压锅的容积和圆柱体的体积，其实是一回事，同样都是 V。当然，也不能“又叫马儿跑，又盼马儿不吃草”啊！也得知道做这个锅，要耗费多少材料呢。圆柱体侧面和上、下底面面积的和（S_1+S_2），就相当于要制造这个高压锅所需要的材料的面积，也就是所需要的材料总数。

用材料数除以体积：

$$\frac{S}{V}=\frac{S_1+S_2}{V}=\frac{2\pi rh+2\pi r^2}{\pi r^2h}=\frac{2}{r}+\frac{2}{h}$$

$\frac{S}{V}$代表的是获得单位体积的容量，所需要耗费的材料。显然，这个数字越小越好，对吧？

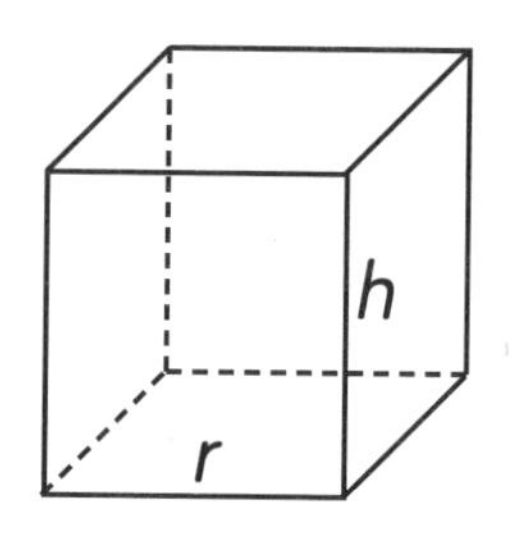

那么如果我们把高压锅做成立方体的，也就是底面为正方形的柱体，又会如何呢？假设立方体的高度仍然是 h，底面正方形的边长为 r。于是我们可以得到，立方体的体积

$$V=r^2\times h=r^2h$$

立方体的侧面和上、下底面面积的和是

$$S=4r\times h+2\times r^2=4rh+2r^2$$

于是有

$$\frac{S}{V}=\frac{4rh+2r^2}{r^2h}=\frac{4}{r}+\frac{2}{h}$$

显然，立方体的$\frac{S}{V}$大于圆柱体的$\frac{S}{V}$。

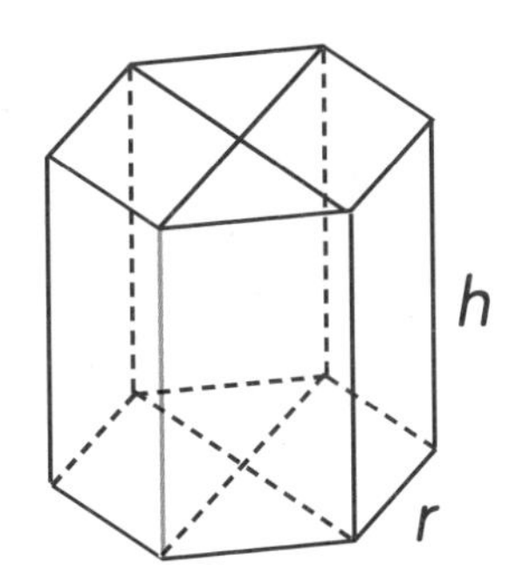

那么如果我们把高压锅做成底面是正六边形的六棱柱呢？再来算一算，假设高压锅的高度仍然是 h，正六边形的边长为 r。这样六棱柱的底面六边形的面积为

$$S_1=6\times\left[\frac{1}{2}\times r\times\left(\frac{\sqrt{3}}{2}r\right)\right]=\frac{3\sqrt{3}}{2}r^2$$

六棱柱的体积为

$$V=S_1\times h=\frac{3\sqrt{3}}{2}r^2h$$

六棱柱的侧面和上、下底面面积的和是

$$S=2\times S_1+6r\times h=3\sqrt{3}r^2+6rh$$

于是有

$$\frac{S}{V}=\frac{3\sqrt{3}r^2+6rh}{\frac{3\sqrt{3}}{2}r^2h}=\frac{4}{\sqrt{3}r}+\frac{2}{h}\approx\frac{2.31}{r}+\frac{2}{h}$$

看到了吧，六棱柱的$\frac{S}{V}$虽然小于立方体的$\frac{S}{V}$，但仍然大于圆柱体的$\frac{S}{V}$。

柠檬悄悄话

$\sqrt{3}$是什么东西？这个叫3的平方根，是一种新的数字的表示方法，你要到初中才会学到，现在看不懂没有关系，只要记住上面的结论就可以了。

理论上，我们可以证明，无论柱体的底面是什么形状，如果要获得相同的容积，那么圆柱体所耗费的材料一定是最少的。这也就解释了我们人类为什么那么爱圆柱体了。

圆柱体虽然好，可是如果你的手头上有一堆圆柱体，你却没办法让这一堆圆柱体紧密地挨在一起，因为圆柱体之间必然会有缝隙。

为什么非要让它们挨在一起啊？自由自在的多好呀。

圆柱体是最节省材料的嘛。不仅在做锅、做盆的时候需要节省材料，盖房子的时候也需要节省材料啊。

可是总不能把房子都盖成圆柱体吧？

是呀！是有这个问题。而且如果我们把每个房间都盖成圆形的，那么房间之间就会有空隙，不会像现在这样紧密地挨在一起。有了空隙，就意味着浪费了空间，当然也就是浪费了材料。那我们把房子盖成什么形状，才能最节省材料呢？

在这件事情上，蜜蜂可是给我们人类上了一课。因为蜂房是世界上最节省材料的建筑。和蜜蜂相比，我们人类的建筑师将羞愧得无地自容。

小蜜蜂的大智慧

这句话可不是柠檬说的哟，这是马克思说的。

这里柠檬画了蜂巢中一个单独蜂房的形状。几何学上，把这个形状叫作六棱柱。不过它的底面并不是平的，而是由 3 个菱形拼起来的。菱形的钝角是 109° 28′，锐角是 70° 32′。

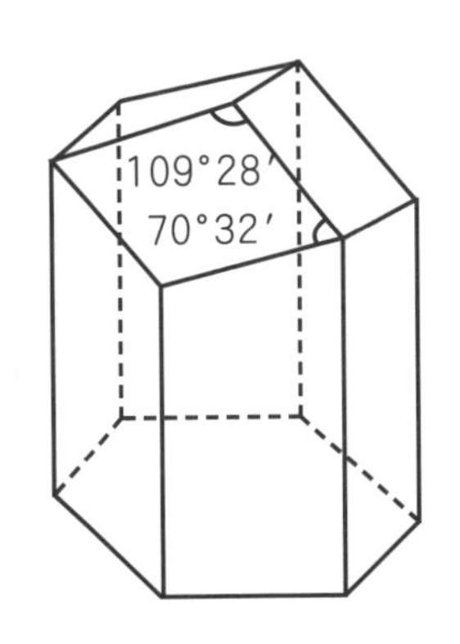

哇！蜂房的角度？！怎么知道的？谁去量的？他不怕被蜜蜂蜇了吗？

呵呵，还说人家呢！你不是也趴在地上，沿着蚂蚁的队伍找蚂蚁洞；追着别人家的小猫，非要给它穿上鞋么？忘了我的“柠檬定律”了吗？大科学家经常和小孩子一样，对一般人不注意的小事，有极大的好奇心和耐心。

法国人马拉尔狄最早仔细地观察了蜂房的结构。早在1712年，他就测量出了那两个角度。物理学家列奥谬拉也喜欢端详小蜜蜂精巧的“建筑”。上看下看左看右看，他认为，蜂房的结构应该是世界上最节省材料的结构。不过由于他的数学功底不够好，没有能够证明自己的猜想。后来，又一位“蜂房爱好者”——苏格兰数学家麦克劳林证明了列奥谬拉的猜想。

蜜蜂的房子虽说最节省材料，可我们人类总不能住在蜂房那样的房子里啊。那，那也太难受了吧？我们又不是蜜蜂！

是的。人类毕竟不是蜜蜂。

人类没有翅膀，不能直接从窗户里飞出去。所以在我们的建筑里必须要有电梯、楼梯和走道，让人可以走进走出。另外，一个家庭的居住面积远远大于一只蜜蜂的居住面积。我们不可能建造一栋可以容纳成千上万户家庭的楼房，那样人口密度太大，会造成安全隐患。所以在实际建筑中，我们普遍使用的还是方形的建筑结构。

盖房子这件事不能学蜜蜂，其他地方不妨学一学。

飞机设计师们从蜜蜂那里获得了启发，现代许多大型飞机的机翼内部都填充了“蜂窝夹层”，这样既能提高机翼的强度，又能减轻机翼的重量。

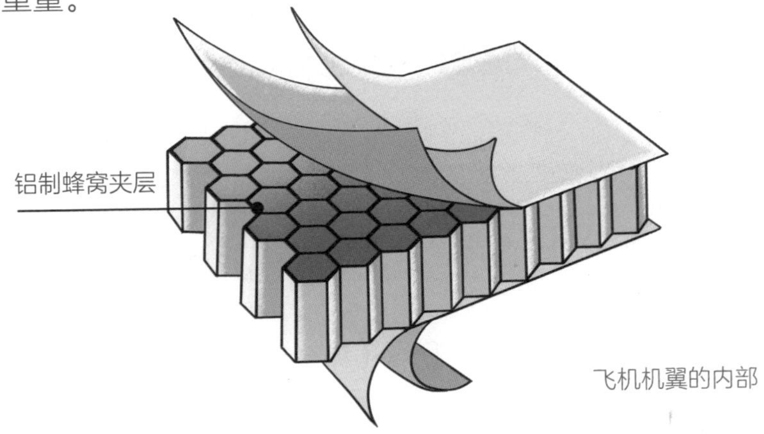

飞机机翼的内部

移动通信商们学习了蜂房的样子，把一个地区划分成许多小区域，每个小区域建设一个小功率的移动基站。这样既节省能源，又能提高通信效率。由于每个小区域都是一个蜂房状的正六边形，所以这种技术又被称为“蜂窝电话”。

当然，建筑师们也不会放过这一技术，看看北京市第四中学的教学楼吧，那正是一个“大蜂房”！

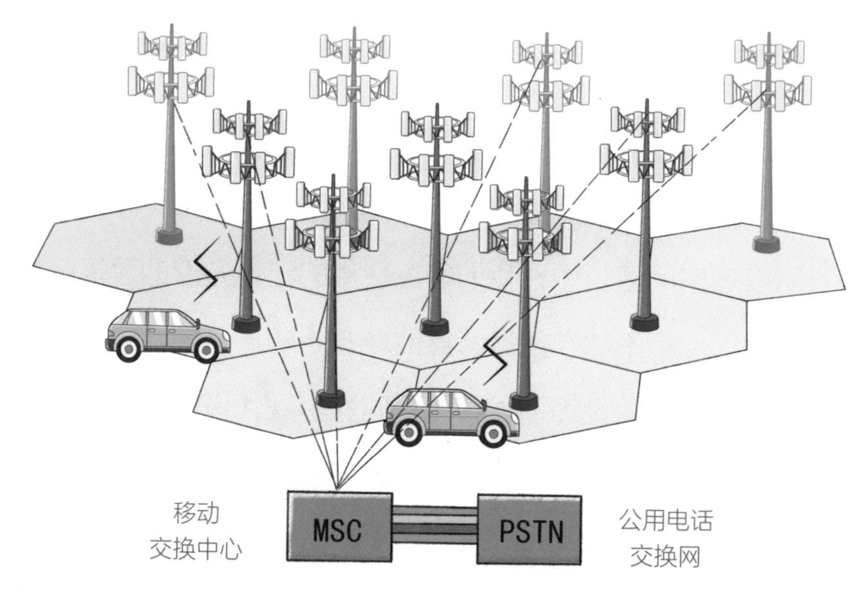

当你打手机的时候，可曾想到支持你随时联络的技术中就有小蜜蜂的智慧？

你看！对蜂房感兴趣的人，是不是还挺多的？

嗯，没想到小蜜蜂还挺聪明的！教了人类不少呢。

提问：对蜂蜜感兴趣的，你知道是谁么？

是……谁啊？

这都不知道？是熊大、熊二啊！它们最爱吃蜂蜜嘛。哈哈哈哈……

你！你这个问题，也太……你耍赖！这不能算数学问题。

那好，我下面就问你一个数学问题……

第11章

十进制不是天上掉下来的

问你一个问题：我们用的阿拉伯数字，一共有几个数字？

这还用问？当然是10个啊！

哪10个？

1,2,3,4,5,6,7,8,9,10。

哈哈，错了！应该是0,1,2,3,4,5,6,7,8,9才对。

啊？

10是1和0组合成的啊，可不是单独的数字。

啊，对呀！我怎么忘了这个了？逢十进一嘛！

没错。你有没有想过，为什么是逢十进一，不是逢九进一或者逢十一进一？

十进制嘛！当然是逢十了！

那——

为什么是十进制呢

进制又称为进位制，是人们规定的一种进位方法。注意啦！既然是人“规定”的，当然我们可以选任何一个数来“规定”。

问题来啦！为什么选 10 呢？

人类很早就开始认识数字了，恐怕你 3 岁，甚至 2 岁的时候，就会数数了。既然要数数，当然要给每个数命名，比如 1、2、3……就是我们给每个数取的名字。

不过数字的个数多了去了，无穷无尽。我们不可能给每个数字都取一个名字，那样的话，取名时得烦死，记名时能累死。

于是，进位制就出现了！进位制可以让我们用比较少的符号给所有的数字命名。其实进位制纯粹是人为规定的，我们完全可以规定三进制、四进制……不过在漫长的文明进程中，人类逐渐选择了十进制作为主要的法则。

十进制不是天上掉下来的，是人类自己的选择。你知道吗？10 这个数字光荣入选，可是与人有 10 根手指头有关哟！

古希腊哲学家亚里士多德认为：人类普遍使用十进制，只不过是绝大多数人生来就有 10 根手指的结果。实际上，在有文字记载的所有计数体系中，除了古巴比伦的楔形数字为 60 进制，玛雅数字为 20 进制外，其他的全部都是十进制。

一 二 三 四 五 六 七 八 九 十 百 千 万

我国在商代以前，就已经采用十进制了。从现在已经发现的商代陶文和甲骨文中，可以清楚地看到，当时已经有了一、二、三、四、五、六、七、八、九、十、百、千、万这 13 个字，用它们，能记录十万以内的任何自然数。

人选了 10，可也没有把其他进制彻底“灭灯”。选择逢几进一，是看不同场合、不同需要的。尽管十进制大行其道，可其他进制也有自己的“上岗”机会。

不信？你看！人家二进制还是在高科技单位上班的呢！

惹不起的二进制

要说二进制服务于 IT 行业，那真是一点也没错！

无论是主板、芯片，还是硬盘、内存，计算机的核心部件中都有一种叫作二极管的部件。

二极管是个黑白分明的痛快主儿，从不拖泥带水，不会模棱两可，点头“Yes”，摇头“No”。对于电流，它要么就是“让过”，要么就是“不让过”。放过一半留一半，半让过半不让过的事，它绝对干不出来。说“让过”就一个唾沫一个坑，绝不含糊；说“不让过”，就别想越雷池一步！也就是说，在二极管的字典里只有“过”和“不过”两句话。

让一个只有两句话的家伙，认识 10 个数字，显然它玩不转，因为它的“脑力”只能认识两个数。得，那就一个 0，一个 1 吧！

于是，二进制诞生了。

计算机的世界里，二进制是通用语言。

还记得我们讲过的密码吗？发电报时，不是“嘀”就是“哒”。显然就这两下子，二进制也罩得住。所以二进制也光荣地工作在保密战线。

二进制，也就是逢二进一。在二进制的世界里，加减乘除的规则是这样的——

加法：0+0=0,0+1=1,1+0=1,1+1=10；

减法：0−0=0,1−0=1,1−1=0,10−1=1；

乘法：0×0=0,1×0=0,0×1=0,1×1=1；

除法：0÷1=0,1÷1=1。

哇！这个感觉倍儿爽！二进制好呀！多简单呐！学校里的数学课要是都是二进制的，谁都能得 100 分啊！

别高兴得太早！看看！你愿意写作业时，每个数字都写这么长么？

哎哟！我的天呐！我明白为什么计算机用二进制了——也就电脑能记住这么长的数字，人的脑子真是惹不起这东西。不说别的，要是真用二进制写数学作业，恐怕一个作业本写不了几次作业就用完了。

是啊！

二进制数码太长了，随便一个数字就蔚为壮观，活活一列一字长蛇阵！无论是读、写，还是记二进制数字，都是一件足够让人崩溃的事情。人是很聪明的，坚决不会做给自己“下套”的事。一看二进制有短板，赶紧！再聘请一位“员工”——

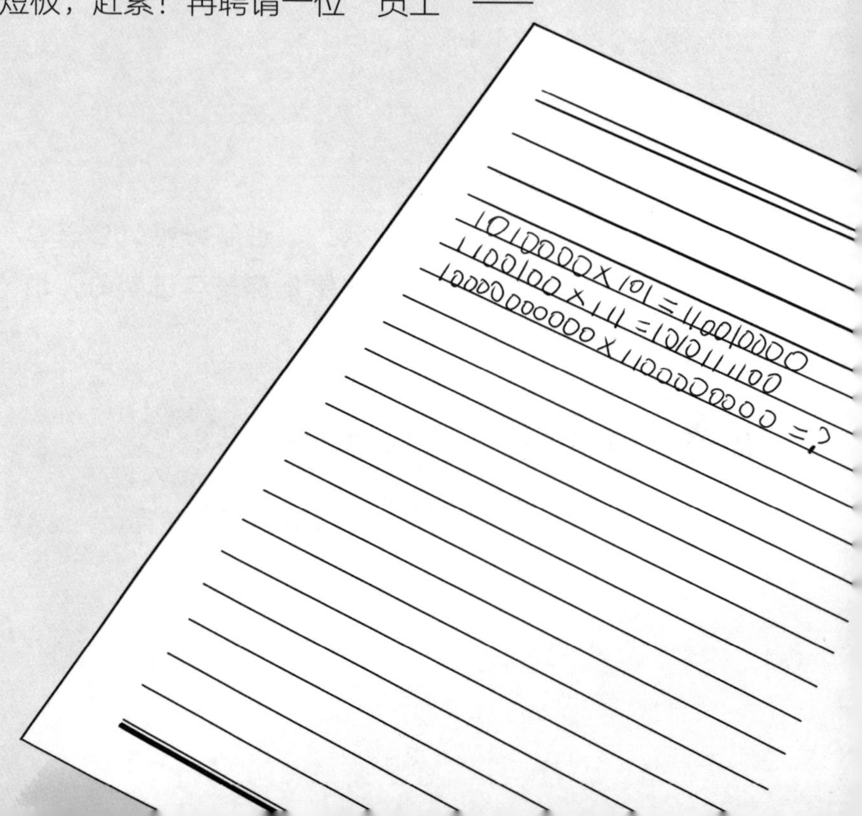

十六进制来报到

如果你有机会看到计算机存贮的数据，会发现，那里是十六进制的“工作岗位”。

刚才你还说二进制是计算机的通用语言呢，怎么又有十六进制了？

你可以把计算机当作一个翻译，它会很多种语言，可以跟不同的“对象”说话。二进制是跟计算机的硬件设备“对话”的语言，好比是英语，跟谁说都能懂。计算机除了跟自己的硬件设备对话，还要跟人“说话”——就是屏幕显示的语言：如果给普通用户看的，这时他可以说中文，用十进制；如果跟专业编程人员说话，它可以说十六进制的语言。

哦，我明白了！编程人员又不是二极管，记不住那么长的二进制数字。可为什么跟他们不能说十进制的语言呢？

哈！你的问题总是这么棒！是这样的——

在计算机存储的时候，通常用字节（Byte）作为最基本的存储单元，1 个字节是一个 8 位的二进制数字。因为 16=2×2×2×2，所以十六进制中的一个一位的数字，相当于二进制中的一个 4 位数字。比如：

十六进制的 5，对应于二进制的 0101。

十六进制的 8，对应于二进制的 1000。

十六进制的 A，对应于二进制的 1010。

……

所以如果用十六进制来代替二进制，只要用 2 个十六进制的数字就可以表示一个 8 位的二进制数字，也就是一个字节了，严丝合缝刚刚好。要是用十进制来表示，那要用一个三位数才能表示一个字节，这就有点啰唆了，看上去不如用十六进制那么简洁。不仅如此，前面说了，8 位二进制数是一个字节，一个字节只包括 2^8=256 个数字。什么意思呢？就是说一个字节所表示最大的数，折合成十进制，就是 255。那要是用十进制来表示的话，只会用到 0~255 的部分，后面的根本用不上，很浪费吧？

使用十六进制可以更加节省书写的空间。所以计算机存贮的数据是一个十六进制的数码表。

十进制中要用 10 个数学符号，那么十六进制中自然要使用 16 个了。

有现成的就拿来用。0~9 这 10 个数字，到了十六进制里，继续留用。

```
   0: 56 69 72 74 75 61 6C 44-75 62 20 B2 E5 BC FE BA  VirtualDub .....
  10: BA BB AF B0 FC A1 AA A1-AA 32 30 31 32 2E 31 30  .........2012.10
  20: 2E 31 32 0D 0A 0D 0A D4-AD B0 E6 20 56 69 72 74  .12........ Virt
  30: 75 61 6C 44 75 62 20 D6-BB C4 DC B4 F2 BF AA 20  ualDub .........
  40: 41 56 49 A1 A2 4D 50 45-47 2D 31 20 B5 C8 C9 D9  AVI..MPEG-1 ....
  50: CA FD B8 F1 CA BD B5 C4-CA D3 C6 B5 A1 A3 B1 BE  ................
  60: B2 E5 BC FE B0 FC CA D5-C2 BC C1 CB D7 EE D0 C2  ................
  70: B5 C4 33 32 CE BB B2 E5-BC FE A3 AC CA B9 20 56  ..32.......... V
  80: 44 20 BF C9 D2 D4 B4 F2-BF AA A1 A2 B4 A6 C0 ED  D ..............
  90: BC B8 BA F5 CB F9 D3 D0-B8 F1 CA BD B5 C4 CA D3  ................
  A0: C6 B5 A3 AC BF C9 D2 D4-CE AA CA D3 C6 B5 B5 FE  ................
  B0: BC D3 CE C4 B1 BE BA CD-CD BC D0 CE D7 D6 C4 BB  ................
  C0: A1 A3 D5 E2 D0 A9 B2 E5-BC FE B6 BC D2 D1 BA BA  ................
  D0: BB AF A1 A3 B0 FC BA AC-B5 C4 B2 E5 BC FE D3 D0  ................
  E0: A3 BA 0D 0A 0D 0A D2 BB-A1 A2 CA E4 C8 EB B2 E5  ................
  F0: BC FE A3 BA 0D 0A 41 43-2D 33 20 70 6C 75 67 69  ......AC-3 plugi
 100: 6E A3 A8 76 65 72 73 69-6F 6E 20 31 2E 39 A3 A9  n..version 1.9..
 110: A1 AA A1 AA D6 A7 B3 D6-20 41 43 2D 33 20 D2 F4  ........ AC-3 ..
 120: C6 B5 0D 0A 46 4C 49 43-20 70 6C 75 67 69 6E A3  ....FLIC plugin.
 130: A8 76 65 72 73 69 6F 6E-20 31 2E 33 A3 A9 A1 AA  .version 1.3....
 140: A1 AA D6 A7 B3 D6 20 46-4C 49 43 20 CE C4 BC FE  ...... FLIC ....
 150: 20 66 6C 69 A1 A2 66 6C-63 20 B8 F1 CA BD 0D 0A   fli..flc ......
 160: 46 4C 56 20 70 6C 75 67-69 6E A3 A8 76 65 72 73  FLV plugin..vers
 170: 69 6F 6E 20 32 2E 34 A3-A9 A1 AA A1 AA D6 A7 B3  ion 2.4.........
 180: D6 20 46 6C 61 73 68 20-CA D3 C6 B5 CE C4 BC FE  . Flash ........
 190: 20 66 6C 76 20 B8 F1 CA-BD 0D 0A 4D 61 74 72 6F   flv ......Matro
 1A0: 73 6B 61 20 70 6C 75 67-69 6E A3 A8 76 65 72 73  ska plugin..vers
 1B0: 69 6F 6E 20 33 2E 31 A3-A9 A1 AA A1 AA D6 A7 B3  ion 3.1.........
 1C0: D6 20 4D 61 74 72 6F 73-6B 61 20 CE C4 BC FE 20  . Matroska ....
 1D0: 6D 6B 76 A1 A2 6D 6B 61-20 B8 F1 CA BD 0D 0A 4D  mkv..mka ......M
 1E0: 50 45 47 2D 32 20 70 6C-75 67 69 6E A3 A8 76 65  PEG-2 plugin..ve
 1F0: 72 73 69 6F 6E 20 34 2E-35 A3 A9 A1 AA A1 AA D6  rsion 4.5.......
 200: A7 B3 D6 20 4D 50 45 47-2D 32 20 CE C4 BC FE 20  ... MPEG-2 ....
 210: 6D 70 67 A1 A2 76 6F 62-A1 A2 6D 32 76 A1 A2 6D  mpg..vob..m2v..m
 220: 70 65 67 A1 A2 6D 70 76-20 B5 C8 B8 F1 CA BD 0D  peg..mpv .......
 230: 0A 51 75 69 63 6B 54 69-6D 65 20 70 6C 75 67 69  .QuickTime plugi
 240: 6E A3 A8 76 65 72 73 69-6F 6E 20 32 2E 36 A3 A9  n..version 2.6..
 250: A1 AA A1 AA D6 A7 B3 D6-20 51 75 69 63 6B 54 69  ........ QuickTi
 260: 6D 65 20 CE C4 BC FE 20-6D 6F 76 A1 A2 6D 70 34  me .... mov..mp4
 270: A1 A2 6D 34 76 A1 A2 6D-34 61 A1 A2 71 74 A1 A2  ..m4v..m4a..qt..
 280: 33 67 70 A1 A2 33 67 32-A1 A2 66 34 76 20 B8 F1  3gp..3g2..f4v ..
 290: CA BD 0D 0A 57 4D 56 20-70 6C 75 67 69 6E A3 A8  ....WMV plugin..
 2A0: 76 65 72 73 69 6F 6E 20-32 2E 38 A3 A9 A1 AA A1  version 2.8.....
 2B0: AA D6 A7 B3 D6 20 57 69-6E 64 6F 77 73 20 C3 BD  ..... Windows ..
 2C0: CC E5 CE C4 BC FE 20 61-73 66 A1 A2 77 6D 76 A1  ...... asf..wmv.
 2D0: A2 77 6D 61 20 B8 F1 CA-BD 0D 0A 44 69 72 65 63  .wma ......Direc
 2E0: 74 53 68 6F 77 20 70 6C-75 67 69 6E A3 A8 76 65  tShow plugin..ve
 2F0: 72 73 69 6F 6E 20 30 2E-39 33 A3 A9 A1 AA A1 AA  rsion 0.93......
 300: D6 A7 B3 D6 B8 F7 D6 D6-B8 F1 CA BD 0D 0A 46 46  ..............FF
 310: 4D 70 65 67 20 70 6C 75-67 69 6E A3 A8 76 65 72  Mpeg plugin..ver
 320: 73 69 6F 6E 20 30 2E 37-A3 A9 A1 AA A1 AA D6 A7  sion 0.7........
 330: B3 D6 B8 F7 D6 D6 B8 F1-CA BD 0D 0A 0D 0A B6 FE  ................
```

红色方框内为十六进制数码，每 2 个数码组成一组，那就是一个字节。

哦？！还缺 6 个，还得再造出 6 个来……甭麻烦了！调 6 个英文字母来不是很省事吗？A、B、C、D、E，还有 F，请这 6 个小伙伴客串一下，分别表示 10、11、12、13、14、15。

好啦！十六进制的队伍拉起来了！

这里，柠檬很贴心地送你一张十进制、二进制和十六进制之间的转换表。看过之后，不妨写一个二进制或者十六进制的数字，给你的爸爸妈妈或者小伙伴看看，让他们猜猜这是啥。

十进制	二进制	十六进制
0	0	0
1	1	1
2	10	2
3	11	3
4	100	4
5	101	5
6	110	6
7	111	7
8	1000	8
9	1001	9
10	1010	A
11	1011	B
12	1100	C
13	1101	D
14	1110	E
15	1111	F
16	10000	10

很好玩啊！待会儿我也写个二进制数字玩玩。

还有更好玩的，看看这张图！

哎哟！这就是天书吧？我都看不懂。

这是另一种进制，它不紧不慢地走在嘀哒嘀哒嘀哒的世界里……

守时的六十进制

1 小时有 60 分钟，1 分钟有 60 秒，在时间的领域，无论是东方还是西方，都在使用六十进制或与 60“沾亲带故”

的进制，比如 1 天有 24 个小时。我国古代，虽然没有小时的概念，但古人也把 1 天分成了 12 个时辰，一个甲子有 60 年……

为什么在计时方面，60 备受青睐？目前并没有权威的答案。比较容易让人接受的说法是，古代天文观测认为一年有 360 天，所以把圆周定为 360°。自此，时间和角度的计量开始使用与 60 相关的进位制。作为一个进制数字，60 挺可爱的！因为它可以被多个数整除，也就是说，它可以被平分为多份，例如一小时可以被看作 2 个 30 分钟、3 个 20 分钟、4 个 15 分钟……

可要是生活中都用六十进制，也很麻烦啊！要记住 60 个数字，那样的话，小学一年级的数学课，不用干别的了，都用来认数字了。

呵呵，是啊。不过，古巴比伦人就使用六十进制。刚才给你看的“天书”就是古巴比伦楔形文字中的数字。

哦，那我得好好看看。

试一试，能不能看出其中的规律？

亲爱的小读者，你看出来了吗？

第 12 章

数学皇冠上的明珠

柠檬，你老是问我问题，我也问你一个问题吧！

好呀，请说吧！

这个问题，我听人家说过好多次，就是一直搞不明白。问别人，他们也说不清楚。

哦，什么问题呢？

就是那个陈景润——柠檬你知道陈景润吧？他不是一个特别了不起的大数学家吗？

是呀！

可人家又说，陈景润就是要证明“1+1”。我就想不明白，1+1 不就是等于 2 吗？还用一个大数学家证明吗？连我都知道 1+1=2，没上学就知道。这“1+1”有什么好证明的呀？还要一个大数学家去证明？

哦，那你知道陈景润研究的那个数学问题吗？

知道，叫哥德巴赫猜想。

哇！这你都知道，真棒！那柠檬就来说说这个——

哥德巴赫猜想

哥德巴赫猜想是一个叫哥德巴赫的人提出的。哥德巴赫出生在德国，家里条件挺优越，他喜欢到处走走看看——当然不仅仅是游山玩水了，而是在游历途中学习知识，增长见识。在欧洲各国的游历过程中，他结识了一些数学家，并且他自己也对数学有浓厚的兴趣，热衷于研究数学问题。

1742 年，哥德巴赫给著名的数学家欧拉写了一封信。在信里，提出了他的一个猜想：

任何一个大于 2 的偶数，都可以表示为两个质数之和。

在此基础上，还可以得到另外一个猜想：

任何一个大于 5 的奇数，都可以表示为三个质数之和。后者称为“弱哥德巴赫猜想”或“关于奇数的哥德巴赫猜想”。

柠檬悄悄话

在所有大于1的自然数中，有些数能够被其他自然数整除，比如6可以被2和3整除，也有一些数不能被其他自然数整除。我们把除了1和这个数自己以外，不能被其他自然数整除的数叫作质数。

其中自然数就是1,2,3,4,5,6，…这样的整数。0也是自然数。

质数就是这意思啊？我还以为有多高深呢！那2就是质数吧？

对。

3也是质数，5,7,8——不对！8可以被2和4整除——不是啦，9也不是，10更不是，11是，12不是，13是……

哈哈！学得挺快嘛！你说的都对。

哎？也不用单搞出个质数嘛，其实双数，哦，就是偶数不可能是质数，质数就是奇数。

不对吧？你刚还说，2就是质数。应该说，除了2以外其他的偶数都不是质数。不过，并不是所有的奇数都是质数呀！你想想9，还有15……

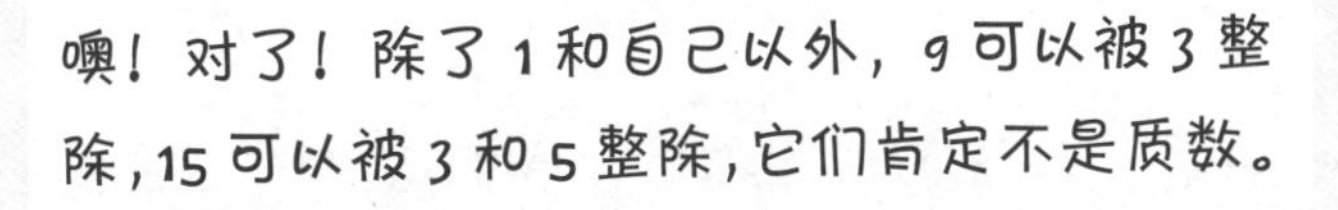

噢！对了！除了1和自己以外，9可以被3整除，15可以被3和5整除，它们肯定不是质数。

这回弄清楚什么是质数了？

清楚了。嗯……知道了什么是质数，好像这个哥德巴赫猜想，听上去是那么回事啊。

我相信它是对的，但无法证明

好了！你说的这些都对！我们可以无穷无尽地算下去，可是——

自然数多了去了，你怎么数得完呢？无穷无尽。同样，偶数的个数也是无穷无尽。这样一个个算下去，算到地老天荒也没个头啊！

显然，这件事不是这么个干法。

哥德巴赫试图找到一种方法来证明他的猜想，可是他没有成功，于是他写信给著名的数学家欧拉。欧拉回信说：“我相信这个猜想是对的，但我也不能给出证明。”

欧拉是谁呀？前面柠檬说了，欧拉被后辈数学家尊为“所有人的导师”。18 世纪的数学，可以说是欧拉独领风骚的时代。欧拉凭他过人的数学直觉，认为这个猜想是对的，但却无法证明它。当时最负盛名的数学家这一句话，让哥德巴赫猜想吸引了众多数学家的目光。

可不仅仅是欧拉不知怎么证明它，在整个 18、19 世纪，无数数学家都对这个猜想一筹莫展。

联合攻坚战

1900 年，数学家希尔伯特在国际数学会议上把“哥德巴赫猜想”列为 23 个数学难题之一，就是说给它上“黑名单”啦。

数学家是不会心平气和地看着“黑名单”上这些“家伙”的，不吃不睡也要把它们拉下马！他们采用的主要方法是筛法、圆法、密率法、三角和法等高深的数学方法。思路是“缩小包围圈”，逐步逼近期待中的结果。

可以说，全世界的数学家们联手进攻，合力围剿哥德巴赫猜想，取得了令人激动的成果。

这场世纪大围堵的冲锋号，是由挪威数学家布朗吹响的——他提供了一种新的证明思路。

1919 年，布朗提出了这样一个命题：所有的偶数都能表示成两个奇数之和，这两个奇数分别可以表示成若干个质数的乘积。

比如 10000 就可以表示成 3333 和 6667 的和，而

$3333=3\times11\times101$

$6667=59\times113$

上式中的 3、11、101、59、113 都是质数。

随后，布朗证明了，当偶数“足够大”的时候，这“若干个”可以不超过 9 个。

柠檬悄悄话

命题就是表达“某某人或某某事怎么样”的一句话。命题可以是正确的，叫真命题，也可以是错误的，那就是假命题。比方说，“水是无色透明的”“太阳从东边升起，从西边落下”，这就是命题，当然这是真命题。“不好好学习的人，也能一直取得好成绩”，这也是一个命题，当然这铁定是假命题。

柠檬用通俗的大白话翻译布朗的命题，就是：所有的偶数都能表示成一个不超过 9 个质数的乘积加另一个不超过 9 个质数的乘积。

任何一个偶数	=	不超过 9 个质数的乘积	+	不超过 9 个质数的乘积

布朗证明的命题，可以简单地写成“9+9”。

按照布朗的想法，如果能将其中的“9 个”缩减到“1 个”，那就证明了哥德巴赫猜想。也就是说，哥德巴赫猜想就是证明“1+1”。

等等！你前面说了，要求偶数“足够大”，那么即使证明了“1+1”，也不能就认为证明了哥德巴赫猜想，因为还有一些不“足够大”的偶数呀！

你说得对！数学家的思路是这样的——

哥德巴赫猜想难就难在，偶数是无穷多的。只要证明了足够大的偶数满足这个猜想，那么对那些不满足“足够大”条件的偶数，我们可以各个击破——只要一个一个地算就可以了。

1938 年，尼尔斯·皮平就计算了所有小于 10 万的偶数，验证了这些偶数都满足哥德巴赫猜想。随着计算机的发展，到 2012 年 2 月，数学家们已经证明了，所有小于 3.5×10^{18} 的偶数，都满足哥德巴赫猜想。

好了！小的偶数都解决了，那么只要证明大的偶数也满足猜想，就能彻底证明了。根据布朗的思路，世界各国的数学精英们立马提枪，开始了艰苦的攻坚战。

1920 年，挪威的布朗证明了“9+9”，迈出了第一步。

1924 年，德国的拉特马赫证明了“7+7”，哈！来了个双脚跳。

1932 年，英国的埃斯特曼证明了“6+6”，继续挺进。

1937 年，意大利的蕾西先后证明了“5+7”“4+9”“3+15”和“2+366”，硕果累累。

1938 年，苏联的布赫夕太勃证明了“5+5”。

1940 年，苏联的布赫夕太勃再接再厉，又证明了“4+4”。

1956 年，我国的王元证明了“3+4”。

王元，我国数学家。王元院士忠告青少年，现在不要搞哥德巴赫猜想，应该打好数学基础。他说："我一生被数学的美吸引。"

1957 年，王元又先后证明了"3+3"和"2+3"，进一步迫近巅峰。

1962 年，我国的潘承洞和苏联的巴尔巴恩分别证明了"1+5"，我国的王元证明了"1+4"。

1965 年，苏联的布赫夕太勃和小维诺格拉多夫，以及意大利的朋比利分别证明了"1+3"。

1966 年，我国的陈景润证明了"1+2"。兵临城下，只差一步！

看到上面这个过程，是不是很振奋？从布朗提出他的设想之后，短短的 40 多年，证明哥德巴赫猜想的工作，就长驱直入，大大向前推进。陈景润已经证明了"1+2"，只要再向前一步，就可以大功告成。

可是，这看似轻松简单的一小步，50 多年过去了，还没有人能跨过去。尽管高手云集、众星逐月，但还没有人能够摘到这颗——

数学皇冠上的明珠

哦，明白了。原来人家说的，陈景润为之毕生奋斗的证明“1+1”是那个意思，不是我们说的 1+1=2 的那个 1+1。

是的。尽管陈景润先生直到离开人世，也没能证明他的“1+1”，但是他在证明哥德巴赫猜想上，取得了世界领先的成就。他在勇攀科学高峰中表现出来的不屈不挠的毅力，让人非常敬仰。

我觉得他真是超级牛人！他肯定从小数学课回回都考 100 分吧？

陈景润小时候，是一个长得瘦小、性格内向的孩子，超级痴迷数学。一行一行的数学算式和方程，在他眼里，仿佛有特殊的魔力。

上高中的时候，陈景润有一位数学老师，对他的影响很大。这位老师曾经极富感染力地讲：“自然科学的皇后是数学，数学的皇冠是数论，哥德巴赫猜想就是皇冠上的明珠。”老师的话让当时的文弱少年，找到了自己一生为之奋斗的目标，无意中，也成就了一位日后震惊国际的数学家。

为了摘取全世界数学家心目中的明珠，陈景润在一间还不到6平方米的小房间里，拿床板当书桌，废寝忘食，刻苦钻研，从严冬到酷夏。中国人勤劳坚韧，刻苦勤奋的故事自古流传。王羲之为了练习书法，洗毛笔把自家门前水池里的水都洗成黑色的了。不过这仅仅是个传说，是不是他的事儿，还不好说呢。可陈景润的故事是真的！他一门心思地搞他的哥德巴赫猜想，一天到晚就是写写算算，证明推导，用过的草稿纸足足装了几麻袋！而且，你不知道吧？研究数学，光自己单枪匹马是不行的，还要了解国外同行的最新成果，要看别的国家的数学家写的论文，从中获得思路和启发。可这些论文都是用外文写的呀！所以，除了学英语，陈景润还学习了俄语、德语、法语、日语、意大利语和西班牙语。

我的天呐！光学英语一样就够我受的了。人家陈景润还学那么多外语！

是呀！要知道那可是在二十世纪五六十年代——没有满大街的外语辅导班，没有朗读机，没有电子字典，没有手机里学外语的APP，就靠自己抱着书本硬啃，而且还要用这些外语来研究难上加难的哥德巴赫猜想。

太，太厉害了！

这也告诉我们，人的潜能是无限的。

嗯，有道理。其实我们每个人能做的事，都很多很大！潜力是超乎想象的。可我听说，陈景润买东西都不会，走路撞到树上，还跟树道歉，有这事么？嘻嘻，怎么大数学家有时候也有点傻傻的呢？

是有这样的说法。对这些事要这样理解：并不是数学家“笨”到连这些生活里的小事都搞不定，或者数学上是高智商，生活中是低能儿。不是的！只是他太过专注自己的研究，全部精力都放在数学上，对其他一些事情就忽略了，没有放在心上，下意识地做出了一些别人觉得可笑的事。

陈景润 (1933—1996)，我国著名数学家。陈景润说："在科学的道路上我只是翻过了一个小山包，真正的高峰还没有攀上去，还要继续努力。"

1966 年和 1973 年，陈景润分别发表了论文，提出了对"1+2"的证明。全世界的数学家对陈景润的工作大加赞赏。英国数学家哈伯斯坦和德国数学家黎希特把陈景润的论文写进专著，称为"陈氏定理"。国际数学家大会先后两次邀请陈景润出席，并做 45 分钟报告，这是很高的礼遇。中国国家博物馆里，珍藏着一张寄给陈景润的明信片。上面写了这样一句充满敬仰和称颂的话："你移动了群山！"后面是一些世界顶级科学家的亲笔签名。

谁能摘到明珠

下一个陈景润在哪儿呢？

谁能完成证明"1+1"的壮举？

"哥德巴赫"永远只能是个猜想么？

谁能踏着荆棘，摘到那颗高高在上的明珠？

不光布朗杀出一条血路，跃跃欲试的数学家大有人在。

1937 年，苏联数学家维诺格拉多夫证明了，任何“足够大”的奇数都可表示为三个质数之和。

哎？这不是瞄着那个什么弱哥德巴赫猜想去了吗？

是的。只要再通过数值计算，证明那些小于“足够大”的奇数都满足弱哥德巴赫猜想，就可以证明了。不过——

和布朗的工作不同，维诺格拉多夫的“足够大”有点太大了，以至于他自己都无法给出这个“足够大”到底是多大。

直到 1956 年，数学家波罗斯特金才给出了这个“足够大”的下限：$e^{e^{16.038}}$。

等等！你说的下限是不是就是最小是那么多？或者说，不能低于那一个数？

是的。也就是说，所有大于 $e^{e^{16.038}}$ 的奇数，都可以表示成三个质数的和。

这是多大呢？这个肩膀上扛一个数，又扛一个数的东西，是个什么数呢？

哦，它大约是一个拥有600多万位的自然数。

嚯！ 600多万……

注意！不是600多万，是600多万位的一个数。光写它，就得连着不断地写出600多万个数字。

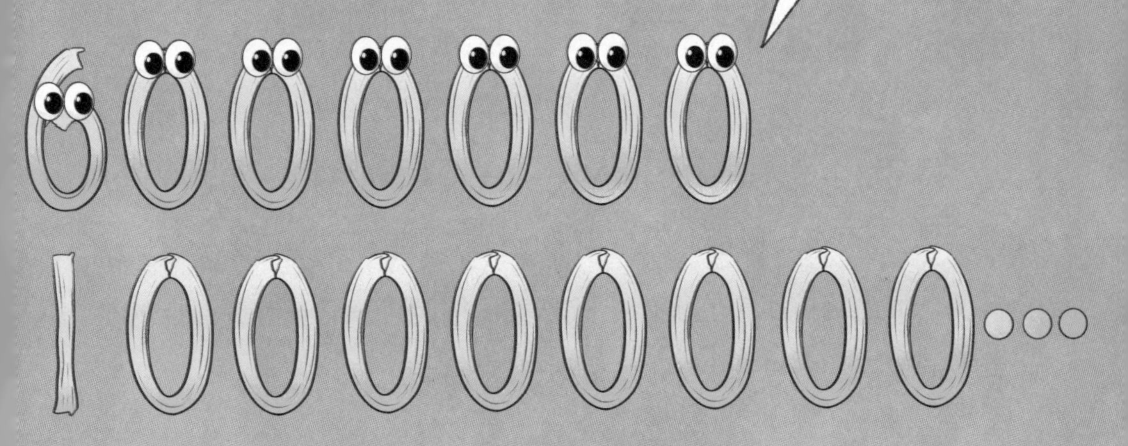

那还不得把我写得手抽筋？

我觉得手写抽筋了，也写不完。

那是！你的手本来就是酸的——里面都是柠檬汁，本来就容易抽筋……哈哈！

这，这有什么关系呢？你这个调皮的小孩儿！等我哪天写出了这个数字，我让你给我检查，光数它的位数就得数到600多万，累死你！

啊——不过说正经的，柠檬，这个数是不是太大了？要是一个个地计算所有小于这个数的奇数都满足弱哥德巴赫猜想，我的妈呀！太痛苦了吧？

这个计算量是挺让人崩溃的。不过，总算有个奔头儿了——

尽管这个数大得吓人，好歹也是一个有限的数了。虽说“望山跑死马”，可在这以前，不是连“山”在哪里都没望见么？可以这样说，维诺格拉多夫的工作给数学家们指明了一条新路，以后的数学家们要干的就是让这个“足够大”不断变小。

1989 年，陈景润和王元将这个“足够大”降低到 10^{43000}。

2001 年，廖明哲和王天泽进一步将“足够大”降到 10^{1346}。

2013 年 5 月，法国数学家哈洛德・贺欧夫各特利用一种新的数学理论，将“足够大”降低到 10^{29}。同时，他还和同事一起，用计算机计算了所有小于 10^{29} 的奇数，证明了它们都符合猜想——弱哥德巴赫猜想就这样被征服了！

耶！好棒！弱哥德巴赫猜想被证明啦！

是的。这在哥德巴赫猜想的证明之路上，绝对是个里程碑啦，鼓舞人心！

可是那个真正的哥德巴赫猜想，还没给证明出来呢。

也许将来你可以完成这个证明呢。